建筑与市政工程施工现场专业人员继续教育教材

深基础工程施工新技术

中国建设教育协会继续教育委员会　组织编写

徐　辉　主编

武佩牛　主审

中国建筑工业出版社

图书在版编目（CIP）数据

深基础工程施工新技术/中国建设教育协会继续教育
委员会组织编写. —北京：中国建筑工业出版社，2016.4
建筑与市政工程施工现场专业人员继续教育教材
ISBN 978-7-112-19329-5

Ⅰ.①深… Ⅱ.①中… Ⅲ.①深基础-工程施工-继
续教育-教材 Ⅳ.①TU473.2

中国版本图书馆 CIP 数据核字（2016）第 068913 号

　　本教材从目前大力发展的深基础工程的实际应用情况出发，结合具体的工程实
例，系统阐述了深基础工程施工中多角度多方向的新技术，包括桩基施工新技术
（超长灌注桩以及超大直径钻孔灌注桩围护）、围护结构施工新技术（TRD工法、
超深地下连续墙以及地下连续墙侧向成墙施工）、深基坑逆作法施工技术、临近保
护建（构）筑物深基坑施工系列防护技术和大体积混凝土浇筑。各章节后均附有相
关思考题。

　　本书可作为建筑与市政工程施工现场专业人员继续教育教材，也可供相关的专
业技术人员参考。

责任编辑：朱首明　李　明　李　阳　赵云波
责任设计：李志立
责任校对：李美娜　李欣慰

建筑与市政工程施工现场专业人员继续教育教材
深基础工程施工新技术
中国建设教育协会继续教育委员会　组织编写
徐　辉　主编
武佩牛　主审
*
中国建筑工业出版社出版、发行（北京西郊百万庄）
各地新华书店、建筑书店经销
霸州市顺浩图文科技发展有限公司制版
北京建筑工业印刷厂印刷
*
开本：787×1092毫米　1/16　印张：11½　字数：284千字
2016年7月第一版　2016年7月第一次印刷
定价：**30.00元**
ISBN 978-7-112-19329-5
（28591）

建筑与市政工程施工现场专业
人员继续教育教材
编审委员会

参编单位：

中建一局培训中心

北京建工培训中心

山东省建筑科学研究院

哈尔滨工业大学

河北工业大学

河北建筑工程学院

上海建峰职业技术学院

杭州建工集团有限责任公司

浙江赐泽标准技术咨询有限公司

浙江铭轩建筑工程有限公司

华恒建设集团有限公司

序

    建筑与市政工程施工现场专业人员队伍素质是影响工程质量、安全、进度的关键因素。我国从 20 世纪 80 年代开始，在建设行业开展关键岗位培训考核和持证上岗工作，对于提高建设行业从业人员的素质起到了积极的作用。进入 21 世纪，在改革行政审批制度和转变政府职能的背景下，建设行业教育主管部门转变行业人才工作思路，积极规划和组织职业标准的研发。在住房和城乡建设部人事司的主持下，由中国建设教育协会主编了建设行业的第一部职业标准——《建筑与市政工程施工现场专业人员职业标准》JGJ/T 250—2011，于 2012 年 1 月 1 日起实施。为推动该标准的贯彻落实，中国建设教育协会组织有关专家编写了考核评价大纲、标准培训教材和配套习题集。

    随着时代的发展，建筑技术日新月异，为了让从业人员跟上时代的发展要求，使他们的从业有后继动力，就要在行业内建立终身学习制度。为此，为了满足建设行业现场专业人员继续教育培训工作的需要，继续教育委员会组织业内专家，按照《标准》中对从业人员能力的要求，结合行业发展的需求，编写了《建筑与市政工程施工现场专业人员继续教育教材》。

    本套教材作者均为长期从事技术工作和培训工作的业内专家，主要内容都经过反复筛选，特别注意满足企业用人需求，加强专业人员岗位实操能力。编写时均以企业岗位实际需求为出发点，按照简洁、实用的原则，精选热点专题，突出能力提升，能在有限的学时内满足现场专业人员继续教育培训的需求。我们还邀请专家为通用教材录制了视频课程，以方便大家学习。

    由于时间仓促，教材编写过程中难免存在不足，我们恳请使用本套教材的培训机构、教师和广大学员多提宝贵意见，以便我们今后进一步修订，使其不断完善。

中国建设教育协会继续教育委员会

2015 年 12 月

前　　言

　　《深基础工程施工新技术》是建筑工程及相关专业高职高专使用教材，也可供有关专业技术人员参考。

　　本书以深基础工程施工实例为主线，以施工方法为重点，着重介绍超级建筑深基础施工工艺。旨在开拓学生视野，了解现代超级建筑深基础施工的发展方向，熟悉超级建筑深基础施工的关键技术，是在掌握建筑施工技术及相关基础课的基础之上进行更高层次学习的教材。

　　本书主要内容包括：超长、超大桩基施工、超深围护结构施工、深基坑逆作法施工、临近保护建（构）筑物深基坑施工、大体积混凝土浇筑。

　　本教材由上海建峰职业技术学院徐辉主编；杨秀方、阳吉宝为副主编；参与编写人员有：梁治国、夏凉风、张松、孙海忠、冯明伟、段存俊。本书由武佩牛担任主审。

　　在本书编写过程中，得到了上海建工（集团）设计院及上海建工（集团）相关公司的大力支持，再次表示衷心的感谢。

　　由于编者水平有限，加之时间仓促，不妥或者错误之处在所难免，敬请广大读者批评指正。

目　　录

一、桩基施工新技术 ·· 1

 （一）概述 ·· 1

 （二）超长灌注桩施工及后注浆技术 ·· 2

 （三）超大直径钻孔灌注桩围护施工技术 ·· 8

 （四）一柱一桩及激光调整施工技术 ··· 18

二、围护结构施工新技术 ··· 28

 （一）TRD 工法施工技术 ·· 28

 （二）超深地下连续墙施工技术 ··· 38

 （三）地下连续墙侧向成墙施工技术 ··· 55

三、深基坑逆作法施工技术 ·· 63

 （一）概述 ·· 63

 （二）逆作法的方案选择 ·· 68

 （三）逆作法的施工技术 ·· 74

 （四）框架逆作法施工技术 ··· 78

 （五）高层建筑双向同步逆作法施工技术与应用 ······························ 88

 （六）超大型基坑工程踏步式逆作施工技术 ·································· 102

四、临近保护建（构）筑物深基坑施工系列防护技术 ······················· 107

 （一）自适应支撑系统应用技术 ··· 107

 （二）分坑 ·· 117

 （三）MJS 加固施工技术 ··· 143

五、大体积混凝土浇筑 ··· 154

 （一）概述 ·· 154

 （二）施工工艺与技术 ··· 156

 （三）裂缝控制 ··· 160

 （四）工程实例 ··· 168

一、桩基施工新技术

（一）概述

桩基础是一种常见的基础形式，是深基础的一种。当天然地基上的浅基础沉降量过大或地基稳定性不能满足建筑物的要求时，常采用桩基础。桩基础的主要功能是将荷载传至地下较深处的密实土层，以满足承载力和沉降的要求，因而具有承载力高、沉降速率低、沉降量较小而且均匀等特点，能承受竖向荷载、水平荷载、上浮载荷及由机器产生的振动或动力作用产生的动载荷等。

1. 桩基的分类

由于桩的工作性状随桩的几何尺寸及成桩方法不同而有所变化。可以按桩径 d 的不同将桩划分为小直径桩、中等直径桩和大直径桩。其桩径的界限大体是：$d \leqslant 250mm$ 为小直径桩，$250mm < d < 800mm$ 为中等直径桩，$d \geqslant 800mm$ 为大直径桩。根据桩的长度分有短桩、长桩和超长桩。超长钻孔灌注桩通常指的是桩长大于 60m 的钻孔灌注桩，按桩的制作和施工方法不同可分为预制桩、灌注桩等。

2. 桩基的发展及应用

由于场地地质和环境条件的变化、施工技术和机械设备不断改进与发展，人们对桩的承载性能、设计方法、检测技术等不断探索研究，新的桩型和新的设计及新的施工方法在不断呈现，桩的用途也在不断地拓宽，它几乎可以用于各种工程地质条件和各种类型的工程中。

我国桩基础应用方面有着悠久的历史。20 世纪 70 年代末，全国公路交通建设迅速发展，在大江大河上建造了大量的大跨径桥梁，桩径、桩长不断刷新纪录。1985 年，河南省郑州黄河大桥，桩深 70m，桩径 2.2m；1989 年，武汉长江公路桥，桩深 65m，桩径 2.5m；1990 年，铜陵长江大桥，桩深 100m，桩径 2.8m。

我国桥梁工程中最大桩长已达 125m，桩径 3.0m，单桩承载力高达 120000kN。国内已建及在建工程的超长钻孔灌注桩如表 1-1 所示。

部分国内超长钻孔灌注桩概况　　　　　　　　　　　表 1-1

工程项目名称	桩径(m)	桩长(m)	桩端持力层	静载测试结果(kN)
五河口大桥	2.50	95.00	黏土	65937
京杭运河大桥	2.50	85.00	细砂	46939
灌河大桥	2.50	96.00	黏土	50309
东海大桥	2.50	110.00	粉细砂	41275
跨苏申外港	2.00	97.50	亚砂夹粉砂	30917

工程项目名称	桩径(m)	桩长(m)	桩端持力层	静载测试结果(kN)
香港新机场高速路	2.50	100.00	微风化花岗岩	—
海湾大桥	2.90/2.50	104.00	中粗砂	—
江阴大桥	1.80	90.00	风化岩	27000
无锡蓉湖大桥	1.50	88.50	砾砂	34142
杭州湾大桥	1.50	87.00	黏土	15547
无锡八佰伴商贸中心工程	1.00	72.00	粉砂	14700
郑州市金博大城	1.00	76.93	黏土	16800
上海虹桥枢纽工程	0.85	65.00	粉细砂	18000
上海中心大厦工程	1.00	88.00	中砂	—

从表 1-1 可以看出，超长钻孔灌注桩应用越来越广泛，承载能力也越来越大。

桩基础的应用发展主要表现在以下三个方面：

（1）单桩设计承载力越来越大，达到了以"×10^4kN"计的水平。主要是通过桩身材料优选、加大桩身截面、最大限度地提高桩身混凝土强度。通过寻求新的有效的沉桩工艺、对持力层进行加固等途径来提高单桩承载力，于是就出现了各种系列的新型的改良桩系。

（2）桩基的施工涉及各式各样的桩和复杂多变的工程地质和水文地质条件，随着工程技术的不断发展，桩施工机械也趋向于专门化和复杂化，桩机新品种、施工工艺和用途范围也在不断地发展。

（3）由于在城区兴建高层建筑的需要，桩基施工的环境效应的消减问题得到充分的重视。

（二）超长灌注桩施工及后注浆技术

1. 超长灌注桩的特点

对于高层建筑和大型桥梁工程的基础设计，目前主要采用超长钻孔灌注桩。超长钻孔灌注桩具有成桩直径和桩长灵活，单桩承载力大的优点。但超长钻孔灌注桩由于施工特点及成孔工艺的固有缺陷，不可避免会产生沉渣及桩周泥皮等隐患。导致桩端阻力和桩侧摩阻力显著降低，这不仅影响桩端承载力，也极大地降低了单桩整体承载性能。为了提高超长钻孔灌注桩的承载力及减小桩顶沉降，一般采用桩端压力后注浆技术。

桩端压力后注浆是指钻孔、冲孔和挖孔灌注桩在成桩后，通过预埋在桩身的注浆管，经桩端的预留压力注浆装置向桩端地层均匀地注入能固化的浆液（如纯水泥浆、水泥砂浆等）。工程实践已证明了桩端压力后注浆的可靠效果。

采用该技术优点：①提高桩端承载能力及桩侧阻力，从而提高了单桩承载性能，减少了建筑物沉降等。②减少桩数或缩短桩长，减少工程量，节约投资，缩短工期，具有显著的经济效益。但是桩端压力后注浆存在一定的问题：理论研究较为复杂，如浆液在岩土体中的扩散范围的确定方法、改良后岩土体对桩基承载力提高分析等。

2. 超长灌注桩的施工工艺

超长灌注桩施工,既要保证成孔安全,又要保证桩孔垂直度、成桩质量,一般深度的钻孔灌注桩施工工艺难以满足上述要求。近年来,由于开发应用超长钻孔灌注桩施工工艺获得成功,为建(构)筑物超深桩基的发展提供了条件。

(1) 超长钻孔灌注桩的工艺原理

1) 正循环回转钻进成孔。

2) 泥浆护壁,必要时用化学处理剂改性。

3) 钢筋笼分段制作成型,在孔口焊接,地面控制笼顶安装标高。

4) 终孔后进行第一次清孔,混凝土灌注前进行第二次导管正循环清孔替浆。

5) 导管反顶法灌注水下混凝土。

(2) 超长钻孔灌注桩的工艺流程

超长桩的工艺流程如图 1-1 所示。

(3) 超长钻孔灌注桩施工应注意的事项

1) 采用常规设备,通过控制泥浆性能和合理选择钻进技术参数,提高了成孔速度,可有效地防止孔壁坍塌、缩径,保持孔壁稳定,控制桩孔形态,实现超长桩施工。

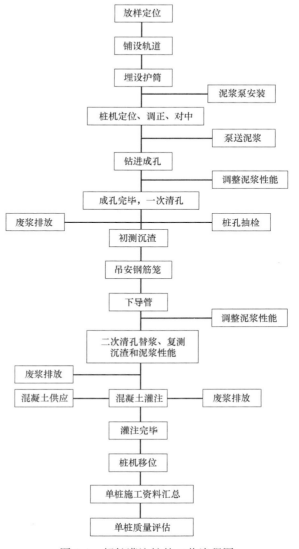

图 1-1　超长灌注桩的工艺流程图

2) 成孔过程中,始终采取有效的防斜技术措施,桩孔垂直度高,确保钢筋笼的顺利安装和邻桩的正常施工。

3) 改进常规清孔工艺,采取提钻前一次清孔;灌注混凝土前二次清孔并逐步调节泥浆性能的技术措施,提高了清孔效果,保证孔底沉渣满足规范和设计要求。同时,也保证灌注混凝土前的桩孔稳定和水下混凝土的顺利灌注。

4) 在保证混凝土质量的前提下,改进水下混凝土灌注工艺,保证桩身混凝土强度、混凝土与桩身周围的土体之间饱满度和桩身的完整性。

3. 超长灌注桩的后注浆工艺

(1) 后注浆工艺原理

桩端后注浆技术是在钻孔灌注桩成桩、桩身混凝土达到预定强度后,采用高压注浆泵通过预埋注浆管注入水泥浆液与其他材料的混合浆液，浆液渗透到桩端虚土中，固化桩端沉淤，加固桩底周围土体；随着注浆量的增加，水泥浆液不断向受泥浆浸泡而松软的桩端持力层中渗透，增加了桩端的承压面积，相当于对钻孔桩进行扩底。水泥浆液渗透能力受到周围致密土层的限制压力不断升高，对桩端土层进行挤压、密实、填充、固结；使桩底沉渣、桩端受到扰动的持力层得到有效的加固和压密，从而改善了桩、土之间的联系，提高了桩端土体的承载力，从而提高了单桩承载力，减少了基础的沉降和不均匀沉降。

图 1-2　回转式钻机图

（2）桩端后注浆技术的施工工艺流程：

钻孔灌注桩施工→钢筋笼预置注浆管→浇筑桩体混凝土后 7～8h 内清水疏通注浆管→7d 后开启注浆管，使浆液均匀加入，加固土体→注浆量（或注浆压力）达到设计要求后，停止注浆→转移到另一注浆孔，直至结束所有桩施工。

4. 超长灌注桩的施工设备与关键技术

钻孔灌注桩施工的设备有：回转式钻机、冲击式钻机、冲抓锥成孔钻机和旋挖钻机等。超长钻孔灌注桩施工一般选用常规的回转式钻机进行施工。

（1）回转钻机成孔

回转钻机成孔是国内灌注桩施工中最常用的方法之一。按排渣方式不同分为正循环回转钻机成孔和反循环回转钻机成孔两种。

1）正循环回转钻机成孔

正循环回转钻机成孔由钻机回转装置带动钻杆和钻头回转切削破碎岩土，由泥浆泵从钻杆内输进泥浆，泥浆沿孔壁与钻杆的环状空间上升，从孔口溢浆孔溢出流入泥浆池，经沉淀处理返回循环池。

正循环成孔泥浆的上返速度低，携带土粒直径小，排渣能力差，岩土重复破碎现象严重。适用于填土、淤泥、黏土、粉土、砂土等土层；对于卵砾石含量不大于 15%、粒径小于 10mm 的部分砂卵砾石层和软质基岩及较硬基岩也可使用。

2）反循环回转钻成孔

反循环回转钻机成孔由钻机回转装置带动钻杆和钻头回转切削破碎岩土，利用泵吸、气举、喷射等措施抽吸循环护壁泥浆，挟带钻渣从钻杆内腔抽吸出孔外的成孔方法。根据抽吸原理不同可分为泵吸反循环、气举反循环和喷射（射流）反循环三种施工工艺，泵吸反循环是直接利用砂石泵的抽吸作用使钻杆的水流上升而形成反循环。气举反循环是利用高压气体从一定深度压入导管内，在进风口上段形成气浆混合体。由于混合体的重度小于管外泥浆重度，在压力差的作用下管内泥浆上升并排出孔外，同时下部的泥浆不断补充，孔底沉渣在泥浆运动的带动下进入导管，随泥浆排出孔外，形成一个连续稳定的运动过程。

适用于黏性土、砂性土、卵石土和风化岩层，但卵石粒径小于钻杆内径的 2/3，且含量不大于 20%。

（2）关键技术

为了保证施工质量，在钻孔灌注桩及后注浆过程中要注意以下问题：

1）塌孔

塌孔是钻孔工序中最严重的质量事故。实践表明大多数的塌孔发生在孔口或孔的上部，当孔的上部局部孔壁坍塌后，塌孔的范围随即迅速扩大。

造成塌孔的原因及预防措施：

① 护筒埋设深度不够。

由于护筒埋设深度不够，使得护筒底部孔壁的土体在土压力和钻机的动静荷载作用下产生垮塌，下面的孔壁迅速坍塌。因此，埋设护筒时需要使护筒尽量进入地下水位以下 0.5m，或者土的黏聚力较大的老土层中 0.5m。

② 埋设时周围土没有夯实。

护筒周围的填土必须分层夯实。

③ 水头压力达不到要求。

当孔内水头低于地下水位时，在黏聚力较小的砂层等地层会迅速坍塌。施工过程中，护筒内泥浆的液面长时间处于较低状况，达不到要求的水头，在钻孔过程中，尤其是反循环钻孔过程中，因为操作不当使孔内水头长时间低于要求的水头，造成塌孔。因此，必须时刻保持要求的水头压力，才能确保孔壁的稳定。

④ 在渗漏的地层没有使用优质泥浆。

如果在渗漏的地层没有使用优质泥浆，会造成水头无法保持而塌孔。因此，对于渗漏地层，当补水不能满足保持水头时必须使用优质泥浆封闭渗漏点。在没有办法保证水头压力的场地，没有采用适当的泥浆来弥补水头的不足，当地面标高与地下水位标高之差不足 1.5～2.0m 时，可以通过调配适当的泥浆来弥补压力不足可能造成的孔壁失稳，或者回填土方提高地面标高以满足水头压力的需要。

2）缩径

缩径是指孔的局部直径不满足设计要求。

造成缩径的原因及预防措施：

① 水头压力不够

即使满足要求的水头压力，在软弱地层钻进时仍然可产生缩径，因此，在软弱地层钻进时，应尽量提高水头压力，当然还要考虑防止因为水头压力的提高产生泥浆从护筒外反穿的发生。当提高水头压力受条件限制时，应尽量提高泥浆比重来弥补，同时要考虑泥浆比重的提高对泥浆泵等循环系统的影响。

② 钻头直径过小

对软弱地层钻进，可以适当加大钻头的直径。留出缩径的空间，使得在缩径的情况下孔径也能满足设计要求。

3）注浆管须符合设计要求

桩端后注浆导管及注浆阀数量宜根据桩径大小设置：对于直径不大于 1200mm 的桩，宜沿钢筋笼圆周对称设置 2 根；对于桩径大于 1200mm 而不大于 2500mm 的桩，宜对称设置 3 根。

在钻孔桩钢筋笼上通长安装两根注浆管须符合设计要求，注浆管必须与钢筋笼主筋牢靠固定，并与钢筋笼整体下放。注浆管每连接好一段，必须采用 10～12 号铁丝，每间隔 2～3m 与钢筋笼主筋牢固的绑扎在一起，严防注浆管折断。对露在孔口的注浆管必须用堵头密封，防止杂物及泥浆掉入到注浆管内，确保管道畅通。若是一柱一桩，格构柱部分的注浆管放在格构柱的外侧。注浆管埋入桩底 20～50cm，管与管之间采用丝牙连接，外面螺纹处用止水胶带包裹，并牢固拧紧密封。

4）钢筋笼的吊装

下放钢筋笼必须缓慢，严禁强力冲击。在每节钢筋笼下放结束时，必须在注浆管内注入清水以检查管子的密封性能。当注浆管内注满清水后，以保持水面稳定不下降为达到要求。如果发现漏水，应提起钢筋笼检查，在排除障碍物后才能下笼。

5）浇筑混凝土

灌注混凝土前，应再次测量孔内虚土厚度。扩底桩灌注混凝土时，第一次应灌到扩底部位的顶面；浇筑桩顶以下 5m 范围内混凝土时，应随浇筑随振捣，每次浇筑高度不得大于 1.5m。在桩身混凝土浇筑后 7～8h 内，注浆管必须用清水劈裂，水量不宜过大，贯通后即可停止灌水。

6）桩端后注浆

在桩底注浆时，若有一根注浆管发生堵塞，可将全部的水泥浆通过其他畅通导管一次压入桩端。对桩端注浆管不通的桩，必须采取补注浆措施：在桩侧采用地质钻机对称钻两直径约 90mm 的小孔，深度超过桩端 50cm，然后在所成孔中重新下放两套注浆管并在距桩底端 2m 处用托盘封堵，并用水泥浆液封孔，待封孔 5d 后即进行重新注浆，补充设计浆液。

5．工程实例

（1）工程概况

上海中心工程位于上海浦东新区陆家嘴核心区域，是社会各界瞩目的重大工程。整个基坑占地面积约为 30370m²，建筑面积约为 380000m²，主楼建筑结构高度为 580m，地下车库埋深为 25～30m，总高度为 632m，为超高层摩天大楼。建成后的上海中心将代表着上海的城市建设又迈向一个新的高度。

（2）工程特点

上海中心主楼，采用钻孔灌注桩作为承重桩基，主楼桩总数 955 根，桩径为 ϕ1000mm，桩底标高 −83.70m，成孔深度 88m，桩端进入⑨₂ 层的深度为 10m，桩身在第⑦层、⑨层两个砂性土层中的总长度约 60m，承压桩进行桩底后注浆，注浆量为 2.5t/根，水泥强度等级采用 P42.5，水泥浆水灰比为 0.55。

由于本工程的特殊性、质量标准等方面超越了现行的规范，工程桩开工前，施工方结合桩型试验结果和上海市以往的钻孔灌注桩施工经验，编写了一套《上海中心主楼钻孔灌注桩施工工艺及质量控制要点》。该控制要点经过专家委员会审议通过后，作为了本工程桩基施工的实施和控制标准，并且在施工过程中根据施工反馈情况先后进行了两次修订升级。

（3）施工工艺：

1）成孔方式：上部黏土层（30m以上深度）正循环成孔，下部砂层采用泵吸反循环成孔；

2）泥浆制备：采用专用膨润土和外加剂人工拌制；

3）泥浆除砂：ZX-250型泥浆净化装置（除砂机）除砂；

4）清空方式：泵吸式反循环一清，气举反循环二清；

5）钢筋笼安装：预加工成型，主筋直螺纹接驳器连接；

6）浇灌方式：导管法水下混凝土浇灌；

7）注浆：桩端后注浆。

（4）本工程桩基施工的难点与应对措施

1）粉砂质土层内成孔钻进

主楼桩桩端进入⑨₂层约4～8m，桩身在第⑦层、⑨层两个砂性土层中的总长度约60m，整个有效桩长均处于砂层内，砂性土层内的成孔质量是整个钻孔灌注桩施工质量的关键，砂层内成孔时粉细砂的沉积和孔壁缩径问题是桩身质量的关键点。本工程通过对钻机、钻具、成孔工艺的研究和改进，解决了这一难题。

成孔设备选用GPS-20或同等规格型号的工程钻机，配备流量180m³/h的

图1-3　三翼双腰箍钻头

6BS型反循环砂石泵。成孔钻头选用设计具备良好导向性能的三翼双腰箍钻头，以满足成孔垂直度的要求；钻头直径φ1020mm，略大于设计桩径，以应对砂质地层的少量缩孔现象。由于本工程钻孔桩有效桩身处于50m以上的砂层中，钻头磨损极大，因此需选用优质合金刀齿，每钻两个桩孔需更换一次钻头刀齿，每钻一个孔需进行一次钻头检修，同时需配备充足的备用钻头，以保证成孔效率和连续性。

2）泥浆除砂及清孔工艺

由于⑦层、⑨层粉砂的颗粒微小，以往常规工程中砂层内钻孔时极易因泥浆含砂率过高导致卡钻和孔底沉渣超过规范要求的情况。本工程地处上海陆家嘴，砂层较厚且成孔深度大，这个问题将更加突出，需从制浆方式、除砂设备工艺、清孔工等方面采取措施。

由于主楼桩的有效长度均处于砂质地层内，成孔泥浆必须具备良好的携砂性能和护壁能力，因此选用优质钠基膨润土进行人工造浆。施工过程中需根据实测泥浆指标及时抽除废浆，补充新浆。在施工过程中对新浆配置指标、循环泥浆施工指标、清孔后泥浆指标必须进行严格规定和控制。在大厚度砂质地层内，要成功完成钻进，除采用携砂性能良好的泥浆外，还必须使用可靠的方法将泥浆内的砂及时分离。本工程选用的ZX-250型泥浆净化装置对循环泥浆进行除砂，除砂机除砂颗粒等级0.075mm，处理能力250m³/h。由于主楼桩采用正、反循环结合的成孔方式，因此泥浆池及泥浆循环系统设置时按新浆池、循环池、沉淀池和泥沙池分离设置，满足人工搅拌和除砂机除砂工作要求。平均每台桩基配备不小于150m³的泥浆池。

3）清孔工艺

清孔应分两次进行。第一次清孔在成孔完毕后进行，第二次清孔在钢筋笼和导管安放完毕后进行。为有效清除孔底淤砂，采用泵吸反循环一清，气举反循环二清。一清时应将钻头提离孔底 0.5~0.8m，清孔时，输入孔内的泥浆量不应小于砂石泵排量，保证补量充足，同时应合理控制泵量，避免吸塌孔壁。气举反循环二清气管下放深度 41.5m，配备 0.6m³ 或 0.9m³ 的空气压缩机，清孔过程中根据流量调节气阀，防止吸力过大扰动孔壁。

4）高强度等级水下混凝土配置及浇灌

上海中心主楼桩设计桩身强度 C45，水下混凝土提高两个等级按 C55 配置。混凝土拌制和浇灌必须重点研究和控制坍落度、流动性、凝结时间、浇灌设备、浇灌速率等问题。

根据超长钻孔灌注桩的施工要求，混凝土必须具备良好的流动性和较大的坍落度，且必须严格控制水灰比。为此，专门进行了试验配置，其试配强度达到 C60（水下 C55），超声波桩身检测和取芯检测结果良好，充分验证了高强度等级水下混凝土的可行性。混凝土采用导管法水下浇灌，导管直径 ϕ300mm，导管采用丝扣连接。导管埋入混凝土面的深度宜为 3~10m，最小埋入深度不应小于 2m。混凝土实际灌注高度不宜小于桩长的 3%，且不小于 2m。

5）桩端后注浆

上海市以往工程和本工程桩型试验表明，砂质土层内的钻孔灌注桩承载力离散性较大，采取后注浆工艺可以有效稳定承载力。本工程所有主楼桩均需进行桩端后注浆施工，设计注浆量为 4t/根桩，注浆水泥采用 42.5 普通硅酸盐水泥，水泥浆液水灰比 0.55~0.60。桩端注浆终止标准应采用注浆量与注浆压力双控的原则，以注浆量（水泥用量）控制为主，注浆压力控制为辅。当注浆量达到要求时，可终止注浆，当注浆压力小于 3MPa 并持续 3min 时，也可以终止注浆。本工程实际注浆压力一般情况下为 1.4~1.8MPa，流速控制在 30~40L/min 以内。

在上海中心工程中，通过试桩测试结果分析可知，软土地基钻孔灌注桩桩端注浆后单桩极限承载力大幅度提高，同时说明了注浆后桩周围土的承载力大幅度提高。本工程采用超长钻孔灌注桩并结合桩端后注浆技术，相比较采用钢管桩的桩型，工期缩短近一半，对周边环境的影响相当小，节约桩基投资约 70%，其社会效益和经济效益特别明显。

（三）超大直径钻孔灌注桩围护施工技术

1. 旋挖钻机的特点及应用

近年来，在我国的大直径桩基工程施工中，旋挖钻机已经成为桩基施工的主力军，不仅广泛应用于高铁建设，在市政桥梁、公路桥梁桩基、围护工程施工中也得到了广泛的应用，并取得了非常好的效果。

（1）旋挖钻机特点

旋挖钻机具有施工速度快、成孔质量好、环境污染小、操作灵活方便、安全性能高及适用性强等优点，能够保证工程的进度与质量。旋挖钻机替代了传统的冲击和回旋钻机成孔设备，成为钻孔灌注桩施工的主要成孔设备。

（2）旋挖钻机的机型

旋挖钻机的机型有：××集团研制的 RD18 型，××公司研制的 ZY120、ZY160、ZY200 型，××重工研制履带可伸缩的 SYR220 型，××机械有限公司 TR200C 型等。其中 RD18 型最大成孔直径 2m、最大钻深 60m，TR200C 型最大成孔直径 2m、最大钻深 62m。

（3）旋挖钻机应用

青藏铁路线由于施工地层很多是永冻的土层、砂砾、不规则泥页岩，还有软硬互层灰岩，有的冻土厚度达到百米以上，采用旋挖钻进施工工艺。另外北京五环路的基础、北京银泰大厦、鞍钢高炉、北京地铁、环线路网建设、奥运场馆、首都机场新航站楼等大型工程，都大量地采用旋挖钻机施工。

随着改革开放的逐步深化，国内市场经济的需求，铁路、公路、水运交通、城市公共设施和工业民用建筑、水利电力设施、港口码头机场等的全面建设，旋挖钻机应用的规模将越来越大。上海地区围护工程中大直径围护桩多采用旋挖钻机进行施工，这使得旋挖钻机施工发展前景更加广阔。

2. 旋挖钻机的施工原理及特点

（1）旋挖钻机施工原理

旋挖钻机成孔是通过钻头的回转破碎岩土，并将破碎的岩土装入钻头内，然后通过钻机提升装置和伸缩式钻杆将钻头提出孔外并卸土，这样循环往复，不断地取土卸土，直至钻至设计深度。

其工作原理是：由旋挖钻机的发动机系统提供运行动力，通过液压系统将发动机提供的动力传递到动力头，在动力头旋转驱动下将扭矩传递到钻头，使安装在钻杆的钻头回转，与此同时由加压缸提供的加压力也通过钻杆传递到钻头，进而使钻头实现对岩土的切削破碎。钻头进尺到位后，提升钻杆时，主卷扬回转，加压缸同时提升，当钻头提升至地面后，吊车回转带动钻头至指定的卸土位置进行卸土，卸土时提升钻头使回转斗上端的立柱碰到动力头下端承撞体挡板，立柱受力打开回转斗底板开启机构实现卸土作业。然后回转到钻孔位置，开始下一个工作循环，当钻至要求深度即完钻孔桩作业。

（2）旋挖钻机施工的主要特点

1）成孔速度快。我国的公路、铁路、桥梁和大型的建筑物的基础桩施工大多采用传统的循环钻机或冲击钻机，生产效率很低。而采用旋挖钻机，由于钻头直接从孔内提取岩土，故成孔速度快，施工效率大大提高。如人工挖孔桩正常情况下每天进尺约 40cm，冲击钻在大连地区每天进尺 50～100cm，而旋挖钻机大概每小时进尺 30cm。

2）质量控制优势突出。由于孔底沉渣少，易于清孔，易保证工程质量。在施工过程中，垂直度、孔底岩层检验、桩长控制等方面的精确度比其他施工方法高。

3）施工现场环保、干净。旋挖钻机由钻头旋挖取土，先将钻头提出孔内再卸土。旋挖钻机的泥浆用量很少且仅仅用来护壁，而不用于排渣，成孔所用泥浆基本上等于成孔的体积，且泥浆经过沉淀和除砂还可以多次反复使用，同时，旋挖钻机在岩石地层可以在无泥浆条件下作业，不仅减少了水资源的浪费，还避免了泥浆对周边环境的污染。因而，旋挖钻机施工现场整洁，对环境造成的污染小，降低了施工成本。

4）移动方便、机动性强。旋挖钻机底盘采用履带式液压吊车底盘，可自行行走，准确定位钻孔。此外，旋挖钻机能独立作业，机动性强，适应复杂地形，钻机的安装、拆卸无需辅助设施来完成，占用空间小，能靠墙操作。

5）适应地层能力强。旋挖钻机配备不同钻头，即可用于砂层、土层、卵砾石、岩层等不同地层钻进，不受地域限制。

6）适用各种桩基工程。旋挖钻机除用于旋挖钻进外，经简单改装后，还可用于长螺旋、地下连续墙等施工，适用范围极其广泛。

（7）使用方便、维修简单。旋挖钻机的主要部件均由较为普遍的原产地部件厂家提供（如泵、发动机、电机、减速机等），可直接得到原产地厂家的售后服务支持。同时，旋挖钻机结构简单，故障率极低。

8）孔口回填土对钻孔桩的影响少。旋挖钻机一般配备 2m 左右的孔口护筒（如孔口回填土较厚可加长），而且钻机本身可埋设护筒，这样可尽量避免孔口回填土对钻孔桩的影响。

9）孔口掉泥、产生的沉渣少。

3. 旋挖钻机的组成

旋挖钻机是机电液一体化的高端产品，目前工程所用的旋挖钻机结构大同小异，主要由行走底盘、变幅机构、钻桅、主副卷扬、动力头、钻杆、钻头、驾驶室、配重、发动机系统、液压系统、电气控制系统等组成。

（1）底盘结构

旋挖钻机的底盘一般为液压驱动，轨距可调，刚性连接式车架，履带自行式的结构。底盘主要包括车架及行走装置，行走装置主要包括履带张紧装置、履带总成、驱动轮、承重轮托链轮及行走减速机等组成。国内外生产的旋挖钻机大多数应用的是专用底盘，轨距可调，能根据施工情况对底盘进行宽度调整，以增加钻机的整体稳定性，驾驶室前窗配有防坠物保护；也有少数厂家应用的是起重机底盘或挖掘机底盘。目前国内旋挖钻机的底盘结构大小不一样，履带板宽度一般为 800～1200mm。

（2）变幅机构及桅杆

变幅机构是旋挖钻机中重要的支承机构，是旋挖钻机的核心机构之一，变幅机构承受钻桅、钻杆、钻具等重量，钻孔时还受来自动力头的扭矩作用，支持旋挖钻机工作装置（包括钻桅、钻杆、动力头和钻具等）重量，调节钻桅的工作幅度和钻桅工作时的垂直度以及减少整机的运输高度等，对整机的工作半径及钻孔施工过程中孔的精确度等衡量整机性能的关键参数有着决定性的影响，同时其对整机布局和稳定性也有着至关重要的影响。旋挖钻机桅杆的截面形式不同，在钻机工作过程中起到的作用不同，主要有梯形截面、箱形截面、平行四边形等形式。截面形式为梯形截面的钻桅，钻桅一般下端有液压垂直支腿，上端有两套滑轮机构，上下两端均可折叠，钻桅左右可调整角度为 ±50°，前倾可调整角度为 50°，后倾可调整角度为 150°；箱形截面的桅杆一般为动力头和钻杆提供导向作用，具有良好的刚性和稳定性，抗冲击、耐振动、无须拆卸的可折叠式结构能减少整机长度和高度，便于运输。如三一 SYR220 型旋挖钻机；采用流行的平行四边形结构的桅杆，通过其上油缸的作用，可使桅杆远离机体或靠近机体，通过桅杆角度的调整，使其动作机动灵活，效率得到提高。

（3）卷扬的结构

卷扬主要功能是钻孔作业时提拉钻具，控制钻具下降和提升速度。钻孔效率的高低、钻孔事故发生的几率、钢丝绳寿命的长短都与卷扬有密切的关系。卷扬的主要结构由支承架和动力驱动装置构成，卷扬支承架采用焊接结构，滚筒为铸造件。国内外旋挖钻机的卷扬有主副卷扬两种，主、副卷扬配有压绳器，卷扬的结构采用卷扬减速机，具有卷扬、下放、制动功能，卷筒自行设计，主卷扬应具有自由下放功能，且实现快、慢双速控制。

（4）动力头的结构

动力头是旋挖钻孔机的关键工作部件，其性能好坏直接影响钻孔机整机性能的发挥。动力头的功能：动力头是钻孔机工作的动力源，它驱动钻杆、钻头回转，并能提供钻孔所需的加压力、提升力，能满足高速甩土和低速钻进两种工况。动力头驱动钻杆、钻头回转时应能根据不同的土壤地质条件自动调整转速与扭矩，以满足不断变化的工况。国内的动力头为液压驱动，齿轮减速，可实现双向钻进和抛土作业，主要包括回转机构、动力驱动机构及支撑机构。回转机构主要由齿轮与钻打S锁的套管，回转支承、密封件等组成。动力驱动机构采用双变量液压马达带动大小减速机同时驱动钻进。抛土作业时，大减速机脱离，小减速机工作，实现高速抛土。另外，支撑机构与滑槽、支座上盖与油缸连接件等，应充分考虑其内部润滑，应有润滑油高度显示，加油口、放油口等，易于保养、维修。

（5）钻杆的结构

旋挖钻机钻杆的作用是将动力头全部扭矩以及加压缸的压力、动力头自重和钻杆自重等钻压稳定地传递到钻头。钻杆是决定设备地层适应能力的主要因素，这是因为钻杆要将动力头的全部扭矩一直传递到孔底的钻头上，并且还要将加液压压缸的压力、动力头自重和钻杆自重等钻压稳定地传递到几十米以下的钻头上。当钻进较坚硬的地层时，钻杆要同时承受大扭矩和大钻压，还要克服很大的弯矩，这样使得钻杆的受力条件变得非常复杂，如果钻杆本身的能力达不到要求，则很容易损坏。凯式钻杆可以分为摩擦钻杆和锁紧钻杆两大类。摩擦钻杆是指钻杆上的键只能传递扭矩而不能传递钻压的钻杆，而锁紧钻杆是指钻杆之间通过加压平台可以锁成一个刚性体对地层加压钻进的钻杆。摩擦钻杆在提钻时不需要解锁，操作简单，由于加压能力有限无法钻进较硬地层。锁紧钻杆的地层适应能力强，但需要解决提钻时可能对钻杆造成强烈冲击的问题。

（6）钻头的结构

钻头的结构：钻头是决定旋挖钻机能否较好适应复杂地层、提高工效的重要部件。

（7）发动机系统

发动机系统为旋挖钻机提供运行动力，一般包括发动机、散热器、空滤器、消声器、燃油箱等。

（8）液压电器系统

液压电器系统使旋挖钻机的机、电、液一体化高度集中，结构紧凑，操纵灵活方便，自动化程度高。施工中只需一人即可操纵整台钻机，工人劳动强度低。钻架上装有垂直度检测仪，可以检测和显示钻架的偏斜度，并可通过钻机的"微动"系统调整钻架的垂直度。驾驶室控制面板上装有孔深和钻架垂直度显示仪以及反映发动机、液压系统工作状态的仪表、显示屏及报警装置，有的还装有全电脑操作系统，使操作手能实时掌握钻进深度、钻架垂直度，保证钻孔准确到达设计深度和良好的垂直度。

（9）电气控制系统

电气控制系统主要是对发动机、液压泵、多路换向阀和执行元件（液压缸、液压马达）的一些温度、压力、速度、开关量的检测并将有关检测数据输入给旋挖钻机的专用控制器，控制器总和各种测量值、设定值和操作信号发出相关控制信息，对发动机、液压泵、液压控制阀和整机进行控制。

4. 旋挖钻机灌注桩施工工艺

（1）旋挖钻机灌注桩施工工艺主要环节

1）工艺流程

现场调查→测量放线及埋设桩位→开挖地面表层土埋设钢护筒→检查桩中心轴线→钻机就位及钻进→成孔检查→清孔→吊放钢筋笼→安装混凝土导管→灌注混凝土→桩成品检测、验收。

2）施工方法及施工要点

① 测量放样及埋设桩位（施工步骤）

A. 复核全桥的桩位坐标，确认设计图纸提供的桩位数据。

B. 桩放样：

由专职测量人员采用全站仪对桩位采用坐标法进行实地放样。放样桩采用木桩（3cm×3cm），桩顶钉钉，高度 80cm，埋入地下 45cm，并用砂浆或素混凝土保护。

C. 检测：

自检：现场技术员用几何尺寸方法复核桩位，每天对桩位复核一次，若被破坏或发生位移及时通知测量人员进行复测。

监理检测：桩位放样完成，经现场技术人员检查无误后及时报请监理工程师复核，监理工程师用全站仪采用坐标法对桩位进行复核，无误后进行护筒埋设工作。

② 护筒的制作与埋设

A. 护筒制作

护筒采用钢质护筒，4m 以内的护筒，采用厚不小于 5mm 后的钢板制作，顶部、中部和底部加焊 5mm 厚 15cm 高加强圈；长度大于 4m 的钢护筒，采用厚不小于 6mm 厚钢板制作，顶部、中部和底部分别加焊 6mm 厚 15cm 高加强圈，护筒钢板接头焊接密实、饱满，不得漏浆。

制作时，钢护筒的内径比桩径大 200～400mm。

B. 护筒埋设

钢护筒埋置高出施工地面 0.3m。埋设护筒采用挖坑法，由吊车安放。旋挖钻机钻头中心对准桩位中心挖孔扩孔，所挖孔直径为护筒直径加 40cm，挖孔深度为护筒长度。

用吊车吊放护筒至孔内，用线绳连接护筒顶部，吊垂线，用吊车挪动护筒，使护筒中心基本与桩位中心重合，其偏差不大于 3cm。

护筒位置确定后，吊垂线，用钢卷尺量护筒顶部、中部、底部距离垂线的距离，检查护筒的竖直度。护筒斜度不大于 1%。

符合要求后在护筒周围对称填土，对称夯实。

四周夯填完成后，再次检测护筒的中心位置和竖直度。

测量护筒顶高程，根据桩顶设计高，计算桩孔需挖的深度。

③ 钻机就位及钻孔

A. 确定钻机位置，在钻机位置四周洒白灰线标记。

B. 标记位置，定位。将旋挖钻机开至白灰线标记位置，不再挪动。

C. 拉十字线调整钻头中心对准桩位中心。通过钻机自身的仪器设备调整好钻杆、桅杆的竖直度并锁定。

D. 开始钻孔作业，钻进时应先慢后快，开始每次进尺为 40～50cm，确认地下是否不利地层，进尺 5m 后如钻进正常，可适当加大进尺，每次控制在 70～90cm。

E. 成孔检查

成孔达到设计标高后，对孔深、孔径、孔壁垂直度、沉淀厚度等进行检查，检测前准备好检测工具，测绳、检孔器等。检孔器应按如下要求制作：

检孔器的外径 D 为钢筋笼直径加 10cm，长度为 6D（D 为孔径，检孔器的加工执行钢筋加工及安装作业指导书）。

检孔器长度一览表　　　　　　　　　　　　表 1-2

桩径	1.0	1.1	1.2	1.3	1.4	1.5	1.6	1.7
检孔器长度	6.0	6.6	7.2	7.8	8.4	9.0	9.6	10.2

标定测绳，测绳采用钢丝测绳，20m 以内测锤重 2kg，20m 以上测锤重 3kg。

测量护筒顶标高，根据桩顶设计标高计算孔深。以护筒顶面为基准面，用测绳测量孔深并记录，测量时测量五处（中心一处，四周对应护桩各测量一处）孔深按最小测量值，当最小测量值小于设计孔深时继续钻进。现场技术人员应严格控制孔深，不得用超钻代替钻渣沉淀。

用检孔器检测孔径和孔的竖直度，检孔器对中后在孔内靠自重下沉，不借助其他外力顺利下至孔底，不停顿，证明钻孔符合规范及设计要求，如不能顺利下至孔底时，用钻机进行扩孔处理。

检测标准：孔深、孔径不小于设计规定；钻孔倾斜度误差不大于 1‰；沉渣厚度符合设计规定：

对于直径≤1.5m 的桩，≤300mm；

对于直径＞1.5m 的桩或桩长＞40m 或土质较差的桩，≤500mm。

桩位误差不大于 50mm。

④ 钻孔过程中钻机操作要领和注意事项：

A. 在钻进过程中应时刻注意钻机仪表，如仪表显示竖直度有变化，应及时进行调整，调整后钻进。

B. 钻进时记录每次的进尺深度并及时填写钻孔施工记录，交接班时应交代钻进情况及下一班的注意事项。

C. 因故停钻时，严禁钻头留在孔内，提钻后孔口加盖防护。

D. 旋挖钻孔应超挖 30cm，以保证桩长，同排桩超挖深度应基本一致，要控制在 ±5cm 以内。

E. 在钻进过程中，设专人对地质状况进行检查。

F. 在钻进过程中，要根据地质情况调整钻机的钻进速度。在黏土层内，钻机的进尺控制在 80～90cm/次旋挖，在砂土层中，钻机的进尺控制在 40～50cm/次旋挖。

G. 在钻进过程中，钻杆的提升速度控制在 0.4m/s。

⑤ 清孔：

A. 孔底清理紧接终孔检查后进行。钻到预定孔深后，必须在原深处进行空转清土（10r/min），然后停止转动，提起钻杆。

B. 注意在空转清土时不得加深钻进，提钻时不得回转钻杆。

C. 清孔后，用测绳检测孔深。

⑥ 钢筋笼制作与安装

钢筋笼的制作

钢筋笼在钢筋加工场制作成分节半成品，运输至工地现场后，在现场拼装完成。

A. 对钢筋笼半成品应采取措施防止在运输安装过程中钢筋笼变形。

B. 钢筋笼采用吊车安放，起吊钢筋笼时，使用钢扁担勾挂钢筋笼。起吊用双吊点，第一吊点设在骨架的上部，使用主钩起吊。第二吊点设在骨架的中点到三分点之间。先起吊第一吊点，将骨架稍提起，再与第二吊点同时起吊。待骨架离开地面后，第二吊点停止起吊，并第一吊点继续起吊，第二吊点相应松钢丝绳，直到骨架与地面垂直后第一吊点停止起吊，解除第二吊点钢丝绳。

C. 缓慢移动钢筋笼，将钢筋笼吊到孔位上方，对准孔位、扶稳，使钢筋笼中心和钻孔的中心一致缓慢下放。

D. 以护筒顶面为基准面，量测钢筋笼，当钢筋笼到达设计位置时，焊吊筋固定。当钢筋笼需接长时，先将第一节钢筋笼利用架立筋临时固定在护筒部位，然后吊起第二节钢筋笼，对准位置用焊接或套筒连接。焊接时可以使用多台电焊机同时焊接。

E. 钢筋笼固定，可以采用在钢筋笼主筋上焊定四根吊筋，吊筋圈内穿穿杠，将钢筋笼固定。

F. 钢筋笼安放完成后，在钢筋笼对称钢筋上绑十字线，连接单桩护桩，拉十字线，用吊垂检查两十字交叉点是否重合。不符合要求时，应调整穿杠上的钢筋笼吊筋，使之重合。

G. 钢筋骨架的制作和吊放的允许偏差为：

主筋间距±10mm；螺旋筋间距±10mm；骨架外径±10mm；骨架倾斜度±0.5%；骨架保护层厚度±20mm；骨架中心平面位置 20mm；骨架顶端高程±20mm；骨架底面高程±50mm。

⑦ 安放导管

混凝土采用导管灌注，导管内径为 200～300mm，螺丝扣连接。

A. 检查导管外观，导管内壁应圆滑、顺直、光洁和无局部凹凸。

局部沾有灰浆处应清理干净，有局部凸凹的导管不予使用。

B. 导管试拼、编号

根据护筒顶标高，孔底标高，考虑垫木高度，计算导管所需长度对导管进行试拼（标准导管长度一般为 4m、3m、2.5m、2m、1m、0.5m），符合长度要求后，对导管进行编号。试拼时最上端导管用单节长度较短的导管（0.5m），最底节导管采用单节长度较长的导管（4.0m）。

C. 导管采用吊车配合人工安装，导管安放时，应使位置居钢筋笼中心，然后稳步沉放、防止卡挂钢筋骨架。安装时用吊车先将导管放至孔底，然后再将导管提起 40cm，使导管底距孔底 40cm。

D. 导管高度确定后，用枕木调整导管卡盘高度，用卡盘将导管卡住。

⑧ 混凝土的拌合、运输

A. 混凝土拌合前，由试验室提供混凝土配合比。

B. 测定拌合料场砂、石的含水量，换算施工配合比，交付拌合站严格按施工配合比拌制混凝土。

C. 混凝土拌合坍落度控制在 180～220mm。每车混凝土出站前，试验室试验人员，检测混凝土的出站坍落度和出站温度，不合格不予出站。混凝土出站时，试验室人员须在运输单上填写出站时间，出站时坍落度，若为冬季施工时，还需填写混凝土的出站温度。

D. 混凝土运输采用罐车运输，冬季施工时，罐车运输罐应用棉被或其他保温材料包裹保温，以减少混凝土在运输过程中的温度损失。

⑨ 灌注混凝土

每车混凝土灌注前检测混凝土出场、入模的坍落度和出场、入模温度，坍落度应在 180～220 之间，温度应在 5℃度以上。

灌注开始后，应连续地进行，准备好导管拆卸机具，缩短拆除导管的时间间隔，防止塌孔。

钻孔灌注桩施工全过程中，现场技术员应真实可靠地做好记录，记录结果应经监理工程师认可，如钻孔记录、终孔检查记录、混凝土灌注记录。

（2）旋挖钻孔灌注桩施工过程中要注意事项

1）护筒埋设

护筒既保护孔口壁，又是钻孔导向，所以护筒的垂直度一定要保证。护筒打设深度直接影响孔内水头差是否能保持，如打设深度不够，极易造成护筒底口孔壁塌落或漏浆。但是，护筒打入过深，将导致灌注后护筒无法拔出，增加施工成本。为防止后压浆时跑浆，护筒周围土要夯实，最好用黏土封口。

2）泥浆配置及循环

泥浆制备是最重要的工作之一，基于旋挖成孔自造浆能力差的缺点，必须人工造浆并及时补充孔内以维持孔壁稳定。泥浆性能的优劣直接影响成孔、成桩质量，因此对泥浆指标的控制格外严格。结合实际情况控制泥浆的比重、黏度和含砂率等指标，定期测试稳定液各项技术指标，出现问题应及时解决。

3）钻进工艺与钻进速度

旋挖钻机启动后，初始采用低速钻进，主卷扬机钢丝绳承担不低于钻杆、钻斗重量之和的 20%，保证孔位不产生偏差。在黏土层中钻进时，考虑亚黏土塑性好、土质硬、稳定性好，采用中等压力高档钻速钻进，每钻进尺控制在 60cm 左右。砂层钻进时由于砂土稳定性差，土体经扰动后易塌孔，采取增压低速钻进，每钻进尺深度控制在 40cm 以内，并加大泥浆泵入量，减小对土体的扰动以防塌孔。在软硬土层换界面处注意控制钻速和钻压，并采用二次复钻扫孔，避免产生孔斜。

钻斗提升时，泥浆在钻斗与孔壁之间流速加快会冲刷孔壁，有时还会在孔内产生负压，遇松散砂层极易塌孔，因此必须控制提钻和下钻速度，应以慢速、匀速提升和下放。具体参数根据施工情况确定。

4）清孔及孔底沉淀控制

控制沉渣厚度是难点之一。例如在砂质地层中，泥浆含砂率较大，极易造成孔底沉渣，根据施工记录，在停钻 2h 内，孔底沉淀可达 2m。孔底沉渣过厚必将影响成桩质量，所以要进行两次清孔。一清一般安排在终孔后 3～4h 内进行，一清后泥浆相对密度不能过低，以防产生缩径并出现大量砂粒沉淀，同时一清后的泥浆指标应尽量接近二清指标，以缩短二清时间，减少混凝土灌注等待时间，提高成桩质量。二清指标将泥浆比重控制在 1.1～ 1.15，这样可有效减小混凝土灌注难度。

5. 工程实例

（1）工程概况

实例工程位于上海浦东新区外环线以东、龙东大道以北的张江高科技园区银行卡产业园内。基坑开挖面积 11180m²，基坑周长 442m。该工程基坑普遍开挖深度约 16.05m，局部深坑落深 0.8～1.6m。围护体系采用钻孔灌注桩围护结构，三轴搅拌桩止水，三道混凝土支撑体系。基坑围护墙体采用 ϕ1200mm@1400mm 钻孔灌注桩，有效桩长 31.5m，坑边局部落深处采用 ϕ1200mm@1400mm 钻孔灌注桩，有效桩长 34.5m。

（2）桩基施工机械选择

工程施工选用的钻机具有立柱垂直度自动监测、钻孔深度自动控制和机身平台旋转自动对中等先进控制技术，同时，该钻机具有三种施工模式，不同的土质对旋挖成孔施工钻孔灌注桩的钻具也有不同的要求，合适的机具对机械本身的能耗、成孔的速度和成孔的质量起着至关重要的作用，该钻具主要有三类：适合于掘进黏土、淤泥、凝灰岩的单底或双底旋挖钻斗；适合于掘进砂层、粒径不大的砾石层的各类螺旋钻头；适合于掘进比较硬的基岩地层、大的漂石层及硬质永冻土层的岩芯钻（筒钻）。根据本工程的地质情况，选用黏土层单底旋挖钻头进行旋挖成孔。施工工艺为间隔旋挖成孔，自然土造浆。

（3）本工程桩基施工的难点与应对措施

1）旋挖钻孔扰动较大，静态泥浆护壁薄弱，易发生塌孔。工程试成孔阶段，现场进行了 3 根足尺原位旋挖试成孔，施工参数参照机械操作手册和以往旋挖成孔经验进行施工，具体参数如下：旋挖机钻进速度约为 1/4～1/6m/min；泥浆相对密度 1.05～1.15；钻斗转速为 15～20r/min；钻斗提放速度为 45～50m/min；3 根试成孔桩在施工中均出现了不同程度塌孔，从即时监控的成孔质量曲线图分析来看，孔口 0～5m 杂填土出现了不同程度塌孔，在 25m 以下的粉质黏土夹砂层中情况更加严重，无法完成合格的成孔。

由于本工程淤泥层和粉质黏土层软土极厚，且局部夹砂，易出现液化、塌孔现象，而旋挖成孔速度快，且出渣时钻斗反复提钻直接出渣，当提钻速度过快时，会在钻头下部产生负压，形成活塞式地抽吸作用。泥浆在回转斗与孔壁之间高速流过，反复冲刷孔壁，破坏泥皮，而旋挖钻孔护壁泥浆为静态泥浆，钻挖过程中泥浆不携带泥渣循环，仅在提钻过程中不断补充泥浆以置换挖取的土层，同时起到保护孔壁的作用。因此造成护壁泥皮厚度较薄，护壁效果较差，易在软弱土层出现严重塌孔现象。为此采取了以下应对措施：

① 针对孔口出现的局部塌孔，根据孔口地层地质情况确定增加护筒长度方案，尽量使钢护筒深入 5m 以下，同时确保护筒四周回填土密实，有效防止旋挖机械开钻后机械振动对孔口及以下部位成孔质量造成影响。

② 针对 20m 以下出现的严重塌孔现象，对施工工艺参数进行重新调整，主要包括：降低钻进速度不大于 1/8m/min；放慢转斗提放速度和转斗转速，缓解对孔壁冲击压力，具体为提放速度降低至机械指导书中第三档下限 35m/min，转斗速度为 10～15r/min。同时，由于旋挖钻没有自动造浆功能，护壁性能较常规钻机差，故考虑适当提高其泥浆相对密度至 1.15～1.25，并在泥浆中增加适当的纤维素以增加泥浆黏性，使土层表面形成薄膜而防护孔壁剥落并有降低失水量的作用。

③ 由于旋挖机直接提钻出土，一般周边需堆土，必须在保证足够的堆土距离和合适的堆土高度。余土应及时运出，减少成孔壁附加土压力。

采取以上针对性改进措施后，又进行了 3 个试成孔实验，均取得了极好的效果，特别是成孔垂直度控制方面相比循环钻机优势明显。

2）成孔后清孔、钢筋笼安装等施工工艺不当造成沉渣较厚或局部塌孔。

在围护桩施工过程中，由于旋挖机成孔速度较快，现场准备不够充分，发生了后续工作无法及时跟进，造成旋挖钻成孔后放置时间过长，出现了钻孔局部塌孔现象，给二次清孔造成难度，超灌现象严重。

由于旋挖成孔工艺不利用泥浆循环出渣成孔，而是由钻斗反复提升直接出渣并在出渣同时泥浆进入孔内进行挖出段护壁，故这种泥浆护壁方式泥皮较薄，在成孔后后续工序跟进不及时、同时也不进行有效地泥浆循环的情况下，易使上半部分孔内泥浆的相对密度不断下降，出现清水孔现象，造成薄弱土层出现局部塌孔，产生厚沉渣。导管法浇捣混凝土过快，加快孔内泥浆和混凝土上升速度，增加了对原本薄弱的孔壁扰动，也会进一步加重局部塌孔现象。为此采取了以下应对措施：

① 由于旋挖成孔工效高，4h 就能完成 1 根围护桩的成孔施工，在多台机械同时工作情况下，应增加钢筋笼加工场和加工人手和设备，尽量缩短后续施工工序至浇灌混凝土的时间。其中，下放钢筋笼是工序中耗时较长的关键工序，为了缩短焊接时间，可采用 2 组人员对称焊接的方法，这样可以有效缩短焊接时间。为了加快导管安装的速度，可将 2～3 节导管提前连接好，以减少连接导管的次数。

② 必须坚持进行一次清孔，保证泥浆比重的稳定，确保下钢筋笼阶段时泥皮的厚度，如成孔后出现后续工序无法及时跟进，必须采用大功率的泥浆泵向孔内不断输送新鲜泥浆，使孔内泥浆能够循环，保证泥浆比重，避免泥浆沉淀，确保清孔的质量。

③ 在成孔后，应及时测量沉渣，若发现沉渣较厚，可采用专门的清孔单底钻头进行清孔出渣，该钻头清渣效率高且彻底。在下钢筋笼工序时，要采用有效的防剐蹭措施，并确保较小的沉渣厚度。当发生因不当操作造成局部塌孔较严重时，可以采用气举反循环进行二次清孔，该方法设备简单，操作方便，清孔效果好，可避免出现夹泥桩。

④ 严格控制混凝土浇捣速度和拔管速度，同时避免浇捣时碰撞孔壁。

3）其他问题预防措施

① 旋挖成孔过程中要时刻注意通过控制盘来监控垂直度。虽然旋挖钻机靠电脑调平，

但仍有一定缺陷。当孔壁有突起的小而坚硬又不致使钻头有触碰感而弹起的硬物时，硬物很有可能将钻头顶偏，引导钻头斜向钻进，而不易察觉，因此应时刻监控钻进垂直度，如有偏差及时纠正。

② 旋挖过程中还应关注孔内水头，必须保证每挖一斗的同时及时向孔内注浆，使孔内水头保证在地下水以上 1.0～1.5m，以增加水头压力，起到静压护壁作用。特别应当注意的是泥浆初次注入时，须垂直向桩孔中间进行注浆，避免泥浆沿着护筒壁冲刷其底部，致使护筒底土质松散，发生扩孔。

③ 由于旋挖机质量达 60t 以上，必须确保旋挖钻机停机面的地基可靠性，可采用浇筑配筋地坪等方式确保自重应力的平均分布。

旋挖钻机作为先进的钻孔灌注桩成孔机械，与常规循环钻机相比，旋挖钻机回转扭矩大、土质适应能力强，钻头选择性多，并具有多种自动化监测及调垂系统等先进技术，施工高效，质量安全易控，值得在大直径钻孔灌注桩施工中推广应用。同时，该施工工艺也可在上海地区逆作法中的一柱一桩工程桩、三轴搅拌桩加固区内工程桩等特殊条件下运用，技术优势更加明显。总之，虽然该施工工艺在软土基地中运用有一定的局限性，但通过大量工程的总结经验，可以适应新规范的要求，推动上海市钻孔灌注桩成孔工艺和设备的进步。

（四）一柱一桩及激光调整施工技术

1. 一柱一桩的特点及应用

（1）地下结构的逆作法应用

在一般情况下，地下结构施工过程中，需要先进行支护结构，如板桩、灌注桩、SMW 挡墙等的施工；然后进行基坑土方的开挖，边挖边施工支撑，直至基底设计标高，然后从下而上逐层施工地下结构，待地下结构完成之后，再逐层进行地上结构的施工。这种施工方法称之为地下结构顺作法。

逆作法施工和顺作法施工顺序相反，在支护结构及工程桩完成后，并不是进行土方开挖，而是直接施工地下结构的顶板或者开挖一定深度再进行地下结构的顶板，中间柱的施工，然后再依次逐层向下进行各层的挖土，并交错逐层进行各层楼板的施工，每次均在完成一层楼板施工后才进行下层土方的开挖。上部结构的施工可以在地下结构完工之后进行，也可以在下部结构施工的同时从地面向上进行，上部结构施工的时间和高度可以通过整体结构的施工工况（特别是计算地下结构以及基础受力）来确定。

在地下结构逆作法施工中，临时支承立柱与永久结构立柱往往合二为一，即基坑工程施工阶段采用钢管柱或钢格构柱作为临时支承立柱，待基坑工程完成以后再在其外包钢筋混凝土，成为永久结构立柱。规范规定结构立柱轴线偏差应当控制在 ±5mm 以内，垂直度应控制在 1/500 以内。当临时支承柱的平面位置和垂直度超设计要求的范围时，就会给后续施工增加困难，严重时还会给地下工程使用功能带来不利影响。因此预埋立柱调垂工艺属于地下结构逆作法的关键技术。

一柱一桩技术是伴随着逆作法施工技术的发展应运而生的一种新的施工技术，其垂直度调整工艺也在逐步发展。我国地下结构逆作法钢立柱传统调垂工艺大同小异，都是利用调垂装置直接调节钢立柱的垂直度，即为直接调垂工艺（以下简称为直接法）。根据调垂装置安装位置分为地下和地上两种，如图1-4（a）、（b）所示。

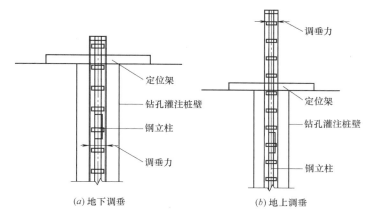

(a) 地下调垂   (b) 地上调垂

图1-4　钢立柱垂直度直接法调垂工艺原理图

由于调垂装置安装在地下深处，因此地下调垂工艺存在调垂装置安装与拆除困难的缺陷，而为了产生足够的调垂力矩，地上调垂工艺的调节装置安装位置比较高，给钻孔灌注桩混凝土浇捣带来了困难，增加了成本。

（2）立柱的调垂方法及特点

就目前的调垂工艺，主要有孔下气囊调垂法（图1-5）、孔下机构调垂法（图1-6）、地面定位架调垂法（1-7）、导向套筒调垂法（图1-8）等四种调垂技术。

图1-5　孔下气囊调垂法

图1-6　孔下机构调垂法

图1-7　地面定位架调垂法

图1-8　导向套筒调垂法

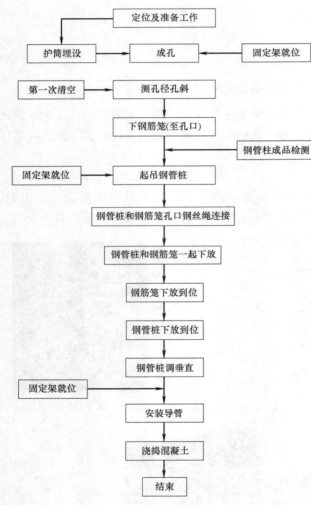

图1-9　施工工艺流程图

这四种调垂工艺与设备存在以下缺陷：1）作业条件差。调垂装置远离地面，安装与拆除困难；2）调垂效率低、劳动强度大、精度低。

2. 一柱一桩的施工工艺

所谓一柱一桩，即钻孔灌注桩柱一体施工，是指上部钢柱（截面中心须有空腔）根部嵌固于下部桩顶部，桩和柱在钻孔灌注桩施工中一次施工成型的施工方法。

（1）一柱一桩施工工艺流程

一柱一桩施工工艺流程如图1-9所示。

（2）一柱一桩施工原理及应注意的问题

1）钻机定位

混凝土地坪浇筑时应埋设钻机（校正架）定位埋件。埋件位置应与钻机（校正架）底架尺寸对应。埋件数量应不少于6件，沿钻机（校正架）周边均匀分布。桩孔定位后应在混凝土地坪上画出桩位中心的十字线，钻机定位时钻机底架上的十字标记对应桩位中心十字线进行定位。定位的允许偏差应小于10mm。钻机定位后钻机底架与埋件应焊接固定。

2）钢柱的安装与校正

钢柱截面中心必须有空腔，如图1-10所示。钢柱安装前，桩孔已检测合格，钢筋笼已安装。桩孔垂直度应符合设计要求，设计无要求时垂直度不宜大于1/200。钢柱安装时应先回直，使钢柱在铅垂的状态下吊入桩孔。钢柱安装嵌入桩顶的长度应不小于设计规定的长度。嵌固处的构造处理应符合设计图纸要求。钢柱采用两台经纬仪在互成90°的位置进行校正。钢柱的最终垂直度应符合设计要求，设计无要求时，垂直度不宜大于1/500。钢柱校正的方法有校正架校正法、千斤顶支架校正法和电控校正法等。

3）混凝土施工

灌注混凝土的导管从钢柱空腔内下放并居中。灌斗不得直接支承在钢柱上口，灌注中不得碰撞钢柱。灌注中应控制混凝土面上升高度，当混凝土面接近钢柱底端时，导管埋入混凝土的深度宜在3m左右，灌注速度适当放慢；混凝土面进入钢柱底端1～2m后，宜适当提升导管，导管提升应平稳，同时应观测地面校正段的垂直度，若出现偏差，应在混凝土刚进入钢柱底端时进行校正。

当柱子为钢管混凝土柱且钢管柱和桩身的混凝土采用不同强度等级时，应通过控制不同强度等级的混凝土面的标高，保证进入钢管柱内的混凝土达到要求。灌注中，当桩身中低强度等级的混凝土面距钢管柱底端2m时，提升导管，使导管埋入深度距钢管柱底端4m，停止灌注低强度等级的混凝土，接着灌注高强度等级的混凝土。

灌注中应两次泛浆：当混凝土灌至桩顶时进行第一次泛浆时，泛浆高度为2m。泛浆后在桩与钢管柱间隙周边均匀对称回填碎石，控制钢管柱外的混凝土继续上升；当混凝土灌至钢管柱上口时，进行第二次泛浆，使不良混凝土由钢管柱上口周边的泛浆口泛出，直至见到洁净混凝土。

3. 激光调整施工技术

针对传统钢立柱直接法调垂工艺存在的不足，提出了逆作法钢立柱间接法调垂工艺。其工艺原理为：把调垂平台与钢立柱固结为一体，然后依托地面，以液压为动力，在计算机自动控制下通过调节调垂平台垂直度，达到调节钢立柱垂直度的目的，如图1-10所示。

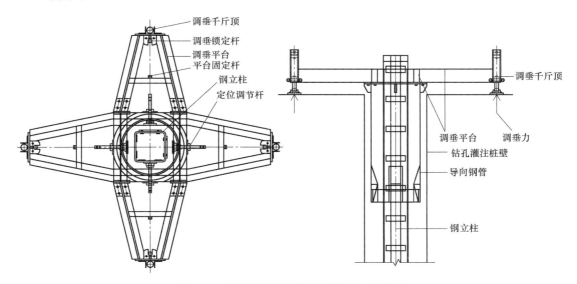

图1-10　钢立柱垂直度间接法调垂工艺原理

（1）逆作法钢立柱间接法调垂工艺流程

1）设备安装：安装限位装置和调垂平台；

2）钢立柱安装：按设计位置安装、定位钢立柱，并将其与调垂平台固结为一体；

3）调垂系统组装与调试：将钢立柱垂直度测斜仪、液压动力系统和自动控制系统连为一体，系统调试完成后设定调垂参数；

4）钢立柱调垂：在控制系统作用下，以地面为依托，液压为动力，自动调节钢立柱垂直度，直至满足施工质量要求。

5）拆除调垂设备：待混凝土终凝，钢立柱位置固定以后，拆除调垂平台及限位装置。

（2）倾斜仪的技术原理

针对地下预埋钢立柱垂直度的高精度自动化检测难题，为改变常规测斜管或倾斜仪法存在测量精度差、效率低、成本高、劳动强度大，不能适应建筑业施工发展的新要求的缺点，创新研制了一种能够快速、精确、便捷且节能环保的钢立柱垂直度实时检测技术，即：基于激光定位钢立柱垂直度实时检测技术，实现了钢立柱垂直度实时检测及自动化。其技术原理如下：

将激光的原理和倾斜仪的原理有机地结合起来，即研制一种内部带有微型激光发射器的高精度倾斜仪，通过激光发射器的光束找出倾斜仪在钢立柱顶端的安装面，在钢立柱竖起后即可利用倾斜仪的输出实时检测钢立柱的垂直度。通过程序设计，倾斜仪可以直接与电脑连接或配套的显示仪表连接，直观地反映出被测钢立柱的垂直度、倾斜角度和偏移尺寸等。

（3）倾斜仪的测量原理

倾斜仪的测量轴线与天然铅垂线的夹角。激光倾斜仪是激光器和倾斜仪的有机组合，激光是为了激光倾斜仪在钢立柱上的精确定位并方便安装，安装完成后，激光线就是钢立柱的轴线（或某一条能代表钢立柱轴线的母线），因为母线（或轴线）垂直于钢立柱的横截面，所以，此时的激光也垂直于钢立柱的横截面，激光线就代表钢立柱的轴线（或某一条能代表钢立柱轴线的母线）。

其工作原理如下：

1）将微型激光器巧妙地与高精度倾角传感器结合成一个整体，确保能利用激光定位快速安装高精度倾角传感器，并保证足够的定位精度。

2）安装时调整激光倾斜仪的调整装置令激光束与钢立柱柱体母线平行，达到钢立柱与传感器定位安装面相互垂直的目的。

3）当钢立柱下到钻孔中，激光倾斜仪即可实时输出钢立柱的垂直度变化。

具体的施工工艺为，激光定位实时检测系统主要分定位安装和数据实时输出两个过程，可以方便地实现边读数据边进行钢立柱垂直度的矫正。

具体的操作步骤如下：

1）定位安装

如下图 1-11 所示：在钢立柱横卧状态下，可以将激光倾斜仪固定安装在钢立柱的顶端，通过激光倾斜仪安装调整装置、激光及可移动光靶找到激光与钢立柱母线 L 平行，固定激光倾斜仪，此时，表示激光倾斜仪的激光与钢立柱的横截面垂直，即倾斜仪的测量轴线与钢立柱母线 L 平行，也就与钢立柱的横截面垂直。［注：激光与倾斜仪的测量轴线平行并保证足够高的精度（由加工制造高精度模具保证）〕。

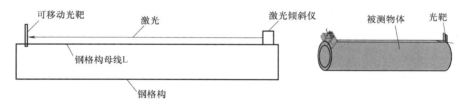

图 1-11　激光倾斜仪在钢立柱上的安装定位

2）数据实时输出

数据实时输出分为两种工况，工况 1：完全垂直状态；工况 2：有角度状态。

工况 1：完全垂直状态

如图 1-12 所示：激光倾斜仪安装定位后随钢立柱被吊起下井（孔），钢立柱处于完全垂直状态时，钢立柱与激光倾斜仪的铅垂线重合，既：激光倾斜仪测出与钢立柱偏斜零度。

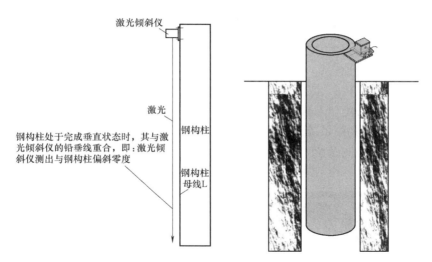

图 1-12　激光倾斜仪在钢立柱上的安装定位

因为倾斜仪的测量轴线与钢立柱母线 L 平行（通过仪器安装激光定位保证），所以倾斜仪的测量轴线与其铅垂线的角度也就是钢立柱的轴线（或某一条能代表钢立柱轴线的母线）与铅垂线的角度。

工况 2：有偏斜角度状态（常态）

如图 1-12 所示：钢立柱有一定偏斜时，倾斜仪的测量轴线与倾斜仪的铅垂线就有一个角度实时输出，也就是钢立柱的轴线（或某一条能代表钢立柱轴线的母线）与倾斜仪的铅垂线的角度实时输出〔因为倾斜仪的测量轴线就是激光轴线，也就是钢立柱的轴线（或某一条能代表钢立柱轴线的母线）〕。

4. 施工设备与关键技术

一柱一桩施工依然是常规的格构柱与钻孔灌注桩相连接的一种施工工艺，其施工设备与格构柱及钻孔灌注桩施工设备相同。而激光调整施工设备较为特殊，逆作法钢立柱全自动调垂系统如下图 1-13 所示，主要由：

图 1-13　钢立柱全自动调垂系统

1）高精度实时检测系统；
2）液压动力系统；
3）自动控制系统；
4）伸缩同步千斤顶；
5）调垂及定位机构；
6）钢立柱桩中心定位及偏差调整装置。
整套施工工艺的关键系统为：
1）高精度实时检测系统
2）液压动力泵站与电控系统

图 1-14　同步千斤顶

3）自动控制系统

研制了具有人机对话友好功能的自动控制系统，使钢立柱自动化调垂变得更智能、更直观、更准确。

4）同步千斤顶

研制了顶拉同步千斤顶（图 1-14），解决了自动调垂过程中千斤顶不同步造成速度快慢不一致的自动调垂难题。

5）调垂及定位机构

研制了调垂及定位机构（图 1-15），解决了超低高度钢立柱的调垂难题，还可省去大型机械混凝土泵车，到工地橄榄车可以直接将混凝土灌注到桩孔中，大大节约了设备及人力成本，同时也提高了施工效率。

6）钢立柱桩中心定位及偏差调整装置

首创研制了钢立柱桩中心定位及偏差自动调整装置（图 1-16），可以及时准确的纠正钢立柱的跑偏缺陷，使钢立柱的施工不仅垂直精度高，而且中心位置也精确，进一步提高了钢立柱施工质量。

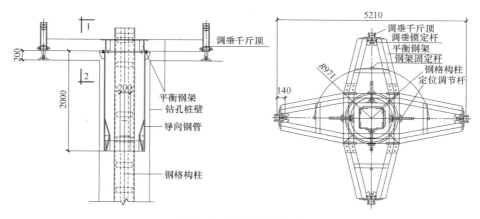

图 1-15　调垂及定位机构

5. 工程实例

（1）工程概况

上海世界博览会（简称世博会）500kV 静安变电站工程，作为世博会的重要配套工程，位于上海市静安区成都北路、北京西路、山海关路和大田路围成的区域之中，站址可用地块包括南北方向长约 220m、东西方向宽约 200m。根据市政规划，本站址所处地块为公共绿地，地面部分将建设上海市"雕塑公园"。

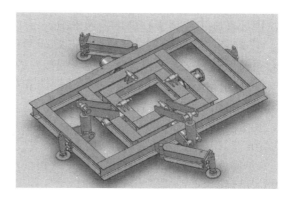

图 1-16　钢立柱桩中心定位及偏差自动调整装置

工程总投资近 30 亿元，占地约 13300m²。变电站建筑设计为筒形地下四层结构，筒体外径为 130m，埋置深度为 34.5m。它是我国目前城际供电网中最大的地下变电站，其建设规模也是同类工程之首，也是世界第二座 500kV 大容量全地下变电站，国际上也仅有日本新丰洲变电所（直径为 144m、埋置深度为 29m，500kV）能与之媲美。

（2）工程基础结构

本工程结构是直径为 130m 的圆柱筒体，开挖深度为 33.7m。本工程采用的一柱一桩是 89.5m 深的 φ950 钻孔灌注桩，内插 33m 的 φ550×16 钢管柱，此深度的一柱一桩施工在上海地区属首次使用。

（3）本工程特点及施工措施

1）特点一：超深灌注桩成孔垂直度（1/500）控制。本桩基工程中一柱一桩（桩底注浆）桩底标高均为 −89.5m（桩端持力层为 ⑨₂ 中砂层），成孔深度将达 90m。由于一柱一桩桩身内插立柱钢管采用 4550×16，垂直度要求为 1/600，为进一步确保钢筋笼与钢管间的调垂空间，所以必须要求控制成孔垂直度达到设计要求（1/500），远大于规范 1/100 的要求。

基于上述情况，在施工过程中，对成孔垂直度采用以下措施：

① 由于成孔深度深、地层土质结构变化大，将给成孔的垂直度带来困难，这就要求选用底盘较为稳定的钻孔机具，并且成孔时采用控制钻速、减压钻进的施工工艺，以达到垂直度的要求。因此，针对性地选择扭矩大、钻机稳、功率大的 GPS-20A 型回旋钻机（转盘扭矩 60kN·m），采用防斜梳齿钻头，除增加钻头工作的稳定性和刚度，也增加其钻头耐磨性能。该钻头可用于钻进 N 值为 50 以上的较硬硬土层、带砾石的砂土层。钻头上面直接装置配重块，既能保证钻头压力，又能提高钻头工作稳定性和钻孔的垂直精度。

② 成孔过程中塔架头部滑轮组、回转器与钻头始终保持在同一铅垂线上，并保证钻头在吊紧的状态下钻进（减压钻进），过程中应随时检查机架平整度及调整其水平。减压钻进采用拉力控制措施。

2）特点二：超长钢管柱（37.5m）垂直度（1/600）控制。本工程钢管柱的垂直度要求为1/600，远大于规范要求的1/100，且钢管长度大，最长达33.045m；并且由于运输原因，需要分两段到现场焊接成型。如何保证焊接过程及吊装过程的垂直度，如何在地面以下有效地对垂直度进行检测并进行调整，这均是本工程的难点。

因此在施工过程中，采用下列措施：

① 钢管柱总长有 33.045m、32.545m 两种（不含4m工具管长度），钢管构件在工作平台胎模上进行组装，以确保对接（焊接）的准确性与垂直度。

② 利用重心原理，在钢管柱顶端设计了专用吊耳与平衡器（吊点与铁扁担），以确保钢管柱在自由状态下保持垂直度。

③ 最后采用地面调垂系统调节钢管的垂直度，地面调垂系统主要由地面定位架、横梁、10t 千斤顶与 5m 校正杆组成。

3）特点三：桩和柱采用不同强度等级的混凝土（分别为C35和C60），换浇施工。采取以下措施：

① 水下浇捣灌注桩混凝土（低强度等级混凝土）至标高-37.700m时，控制导管下口标高为-40.700m（考虑埋管深度为3.0m），具备以上条件后，开始灌注高强度等级混凝土。

② 开始灌注柱混凝土（高强度等级混凝土），使低强度等级混凝土灌注面上升至标高-30.000m，使低强度等级混凝土全部在桩顶标高以上，混凝土全部置换完毕。

③ 混凝土灌注面标高满足-30.000m时，沿钢管外圈回填碎石、黄砂等，阻止管外混凝土上升。

④ 继续灌注高强度等级混凝土，直至钢管立柱内上翻见到高强度等级混凝土（5~40石子）排出为止。

⑤ 回填5~40石子措施：对称回填，并为了防止石子在回填过程中掉入钢管内，特设计了专用的回填挡板。

4）特点四：钢管柱和钢筋笼连接形式施工（图1-15）。常规钢管立柱或格构立柱安装方式有两种：第一种方法垂直度要求不高，钢管立柱或格构柱与钢筋笼电焊连接；第二种方法垂直度要求高，钢管立柱或格构柱插入钢筋笼，利用钢管柱或格构柱与钢筋笼之间的净距进行垂直度调节，然后固定。在本工程中，由于工期紧、垂直度要求高、钢管柱数量多，为此用钢丝绳采用铰接的方法，把钢管柱与钢筋笼连接起来，其优点是安装方便，调节简单。由于采用了这种方法，在施工时加快了进度，效果良好。

本工程一柱一桩（201 根）于 2006 年 2 月 18 日开工，2006 年 12 月 20 日全部结束，质量均达到设计要求，垂直度均满足设计要求值。本工程在超深一柱一桩施工过程中，由于措施得当，不但满足了进度要求，而且还为今后如此深度的桩基施工积累了经验。

思　考　题

1. 简述超长灌注桩的特点及其施工工艺。
2. 阐述超长灌注桩施工过程中的关键技术。
3. 旋挖钻机钻孔灌注桩施工工艺主要环节有哪些？
4. 简述一柱一桩的特点及其施工工艺。
5. 简要分析激光调整施工技术原理。

二、围护结构施工新技术

（一）TRD工法施工技术

1. 概念

TRD工法（Trench cutting Re-mixing Deep wall method），等厚度水泥土地下连续墙工法，又称"深层地下水泥土连续墙工法"、"梁式切割深层地下水泥土连续墙"、"等厚度水泥土搅拌连续墙工法"是由日本神户制钢所1993年开发的一种利用锯链式切割箱连续施工等厚度水泥土地下连续墙施工技术。在一般的砂土层中施工的最大深度已达56.7m，壁厚550～850mm，也适用于卵砾石、块石等各类地层。

TRD工法与目前传统的单轴或多轴螺旋钻孔机所形成的柱列式水泥土地下连续墙工法有很大的不同。TRD工法首先将链锯型切削刀具插入地基，掘削至墙体设计深度，然后注入固化剂，与原位土体混合，并持续横向掘削、搅拌，水平推进，构筑成高品质的水泥土搅拌连续墙。

目前为止，在日本国内TRD工法累计500个以上施工业绩，墙体面积300万m²，最大施工深度业绩61m。

TRD工法施工技术已在上海软土地层、天津和淮安地区深厚密实的砂层、南昌地区砾砂层及软岩地层的基坑工程中得到了成功的应用，成墙工效高，墙体隔水性能可靠，取得了显著的社会经济效益。

2. 施工工艺

（1）工艺原理

TRD工法即水泥加固土地下连续墙工法，其工艺原理打破了通过垂直螺旋钻杆分层搅拌这一水泥土搅拌墙传统的搅拌方式，将其改变为水平轴锯链式切割箱沿墙体垂直整体搅拌的方法。

该工法主体设备由主机和刀具两大部分组成，主机可沿造墙的方向移动，主机所带的链锯式刀具插入地基中并沿刀架横移，同时作回转运动，在深度方向上将各层土全方位搅拌、混合，灌入水泥浆液，并与原状土进行混合搅拌形成等厚度质量均匀的水泥加固土地下连续墙。也可在墙体中插入型钢以增加搅拌墙的刚度和强度。

（2）工艺流程

TRD工法主要的工艺流程主要分为以下三个部分：切割箱自行打入挖掘工序、水泥土搅拌墙建造工序、切箱子拔出分解工序。

A. 切割箱自行打入工序：主机连接预备完毕、主机连接开始且将切割箱放置于预备穴、主机移动到预备穴，连接切割箱后将其提起、移动、连接预先放好的切割箱后向下切割，预备穴放置下一节切割箱、使切割箱达到所定深度需重复操作3～6次、横向掘削，水平前进。

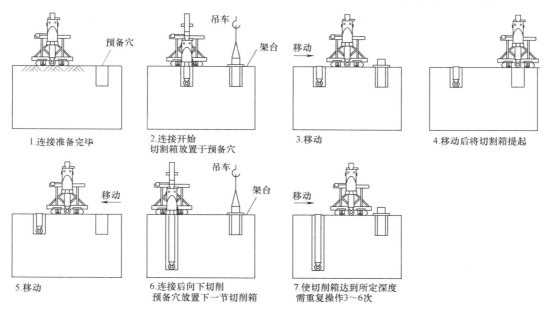

图 2-1　切割箱自行打入挖掘工序示意图

B. 水泥土搅拌墙建造工序

1）TRD工法水泥土搅拌墙建造工序有三循环和一循环两种方法：三循环的方法：先行挖掘、回撤挖掘、成墙搅拌，即锯链式切割箱钻至预定深度后，首先注入挖掘液先行挖掘一段距离，然后回撤挖掘至原处，再注入固化液向前推进搅拌成墙；一循环的方法：切割箱钻至预定深度后即开始注入固化液向前推进挖掘搅拌城墙。

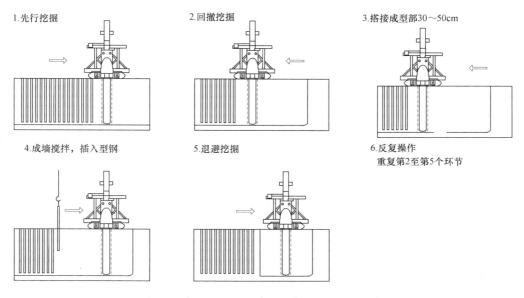

图 2-2　水泥土搅拌墙建造工序（3循环）示意

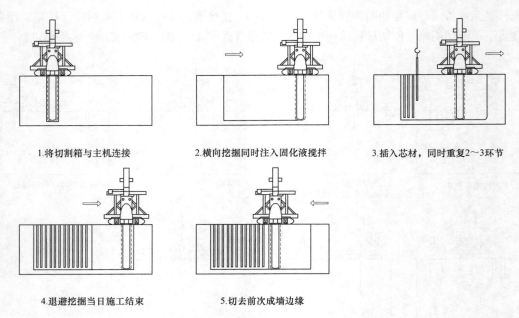

图 2-3　水泥土搅拌墙建造工序（1 循环）示意

2）水泥土搅拌墙建造详细施工步骤

① 测量放线

施工前，先根据设计图纸和业主提供的坐标基准点，精确计算出 TRD 工法止水帷幕（试成墙）中心线角点坐标，利用测量仪器进行放样，并进行坐标数据复核，同时做好护桩，并通知相关单位进行放线复核。

② 开挖沟槽

根据 TRD 工法设备重量，TRD 工地止水帷幕（试成墙）中心线放样后，对施工场地进行铺设钢板等加固处理措施，确保施工场地满足机械设备对地基承载力的要求，确保桩机的稳定性。用挖掘机沿试成墙中心线平行方向开挖工作沟槽，槽宽约 1.4m，沟槽深度约 1.0m。

③ 吊放预埋箱

用挖掘机开挖深度约 4.9m、长度约 2m、宽度约 1m 的预埋穴，利用吊车并将预埋箱吊放入预埋穴内。

④ 桩机就位

由当班班长统一指挥桩机就位，移动前看清上、下、左、右各方面的情况，发现有障碍物应及时清除，移动结束后检查定位情况并及时纠正，桩机应平稳、平正。

⑤ 切割箱与主机连接

用指定的履带式吊车将切割箱逐段吊放入预埋穴，利用支撑台固定；TRD 主机移动至预埋穴位置连接切割箱，主机再返回预定施工位置进行切割箱自行打入挖掘工序。

⑥ 安装测斜仪

切割箱自行打入到设计深度后，安装测斜仪。通过安装在切割箱内部的多段式测斜仪，可进行墙体的垂直精度管理，通常可确保 1/250 以内的精度。

⑦ TRD 工法成墙

测斜仪安装完毕后，主机与切割箱连接。在切割箱底部注入挖掘液预先切割土层一段距离，再回撤挖掘至原处，注入固化液使其与挖掘液混合泥浆强制混合搅拌，形成等厚水泥土搅拌连续墙。

⑧ 置换土处理

将等厚度水泥土搅拌连续墙施工过程中产生的废弃泥浆统一堆放，集中处理。

⑨ 拔出切割箱

试成墙及 TRD 工法止水帷幕各工作段施工结束后，利用吊车将切割箱分段拔出，设备转移至下一工作面准备施工。

3）切割箱拔出分解工序具体流程：施工完毕、拔出切割箱、分解切割箱示例。

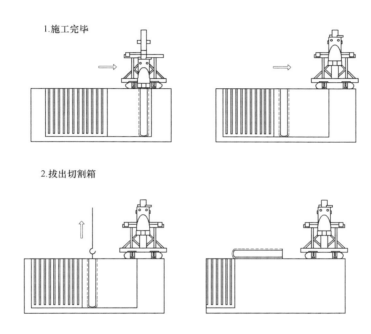

图 2-4　切割箱拔出分解工序示意

3. 工艺特点

（1）TRD 工法水泥土搅拌墙成墙特点

1）施工深度大，最大深度可达 60m。

2）适应地层广：对硬质地层（硬土、砂卵砾石、软岩石等）具有良好的挖掘性能。

3）成墙品质好：在墙体深度方向上，可保证均匀的水泥土质量，强度提高，离散性小，截水性能好。

4）高安全性：设备高度仅 10.1m，重心低，稳定性好，适用于高度有限制的场所。

5）连续成墙，接缝较少，墙体等厚，H 型钢可以最佳间距设置。

（2）TRD 工法相对于传统施工工艺的增进

1）经济效益：比传统工艺施工节约成本；工期短、造价低、低噪音、多用途、环境影响小、可用作建筑物本体，止水围护效果好，节省了混凝土与钢材资源，不存在地下障碍物造成二次污染，提高了施工管理水平，促进基坑围护施工技术的发展。

2）社会效益：由于采取就地将原土加固的方式施工，施工工艺简单高效，加快了土建施工进度，节约了社会成本。

3）环境效益：使用本工法工艺施工具有噪音低、振动低、无泥浆外运、无地下二次污染和节约水资源等特点，采取就地将原土加固的方式施工，有效地减少了废弃泥土，具有较好的环境效益。

4. TRD 工法适用范围

（1）按施工设备可成厚度与深度分类

TRD-Ⅰ型：成墙厚度 450～550mm，深度 20m，可实现河岸护坡 30°～45°俯角成墙施工；

TRD-Ⅱ型：成墙厚度 550～700mm，深度 35m；

TRD-Ⅲ型：成墙厚度 550～850mm，深度 60m。

（2）按工程类型分类

适用于调整池、河川、船坞、产业废弃物的处理设施、河川修改工程、水坝工程、河川堤防，道路填土、开凿工程、高速公路工程、地铁驿舍、建筑物基本工程，堤坝基本防护工程等。

（3）按适用土层分类

在一般的砂土层中施工的最大深度已达 56.7m，壁厚 550～850mm，也适用于卵砾石、块石、风化岩层、含黏土圆砾层、粉砂岩层等各类岩层。

5. TRD 工法施工设备与关键技术

（1）TRD 工法主要施工设备

详见 TRD 工法装置主要规格及参数表

TRD 工法装置及主要规格参数表 表 2-1

TRD 工法主要规格				
		TRD1 型	TRD2 型	TRD3 型
主要尺寸	全长(mm)	7365	8905	8500
	全高(mm)	9980	12052	9650
	全宽(mm)	6700	7200	7200
主要规格	施工深度(m)	20～25	30～60	＞60
	壁厚范围(mm)	450～550	550～700	550～850
	链条界线力(t)	19.3	36.2	36.2
	链条转速度(m/min)	66.3	69	69
	横向千斤顶推力(ton)	26.9	55	55
	引擎马力(PS)	300	700	700
	总重量(ton)	64	126	112.5
	最大接地压(kg/cm²)	1.39	2.44	2.18
	切割箱升降机构	千斤顶方式	卷扬方式	千斤顶方式

（2）TRD 工法施工关键技术

1）垂直度控制：TRD 工法施工设备在切削箱箱体内设置多段式测斜仪，实现了施工水泥土搅拌墙过程中对墙体面内和面外垂直度的双向实时监控，根据实时监控数据对切割箱和成墙垂直偏差值进行及时纠正，使墙体垂直度在施工过程中做到可控、可调，墙体垂直度可控制在 1/250 之内，确保了墙体的隔水性能。

2）转角位置的处理：由于等厚水泥土搅拌墙切割箱直线掘进成墙，在转角位置需将切割箱提出，调整方向后重新向下切削到设计标高后，对已经施工的墙体需重新切削搭接后，再继续向前直线掘进成墙。

3）复杂地层施工技术：在复杂地层中需对切削刀具、工序及施工参数等方面进行优

图 2-5　TRD 工法施工机具实景图

化组合，以确保成墙功效和质量。在不同的地层中选用合适的刀头有利于提高工效，降低磨损：标准贯入击数大于 30 击的硬质土层宜采用圆锥形刀头；卵砾石层、软岩地层宜使用齿形刀头。根据地层特性结合现场试成墙试验选择合适的成墙工序，以及合理的挖掘液、固化液、固化液混合泥浆及工艺参数控制指标，确保成墙质量和施工效率，降低消耗。

6. 施工检测方法

TRD 工法水泥土搅拌墙墙体的检测包括强度检测和抗渗性能检测，墙体的强度检测主要采用水泥土试块强度检测方法，包括水泥土强度室内配比试验、浆液试块强度试验、钻孔取芯试块强度试验 3 种检测方法。墙体的抗渗性能主要通过墙体钻孔取芯芯样的室内抗渗透试验测得。浆液试块强度试验所采用的浆液应取固化成墙过程中浆面以下 1.0～2.0m 深度范围尚未初凝的固化液混合泥浆，制成试块脱模后进行标准养护，达到 28d 龄期后进行单轴抗压强度试验。在试验段或正式墙体施工完成且养护 28d 后，进行钻孔取芯，对芯样进行强度和渗透性试验。

图 2-6　前滩企业天地拟建项目效果图

7. 工程案例

（1）概述

1）工程概况

前滩企业天地项目位于前滩国际商务区 15-01 地块，东邻济阳路，西靠东育路，南抵企荣路，北至企创路，占地面积约 17224m²，地上建筑东侧为两栋 28 层办公楼（高 131m），西侧为 7 栋 3 层商业建筑，整个区域内设有三层地下室。

本工程基坑开挖面积 15784m²，形状呈较为规则的矩形，东西向长度 185m，南北向长度 85.6m，周长 531m，东侧高层区域开挖深度为 15.2m，其余区域开挖深度为 14.3m。

2）地质条件

拟建场地位于上海市浦东新区前滩地区东方体育中心附近，地貌类型为滨海平原。勘察报告显示，本场地属古

河道分布区，在105.29m深度范围内地基土属第四纪滨海～河口相、浅海相、沼泽相及溺谷相沉积物，主要由黏性土、粉性土及砂土组成，一般具有成层分布特点。根据地基土的特征、成因、年代及物理力学性质可划分为9个主要层次（上海市统编地层第⑥层及⑩层土缺失），其中第①层及⑤层再细分为若干个亚层或次亚层，另在第③层中部还分布着③夹层黏质粉土。

本工程典型剖面土层的物理力学参数表　　　　　　　　　　表 2-2

层序	土层名称	重度 γ （kN/m³）	直剪固快峰值强度	
			黏聚力 c(kPa)	内摩擦角 φ(°)
②	黏土	17.9	18	16.0
③	淤泥质粉质黏土	17.4	11	16.0
③夹	黏质土	18.5	4	24.0
④	淤泥质黏土	16.6	13	9.5
⑤₁	黏土	17.2	14	14.0
⑤₂₋₁	砂质粉土夹粉质黏土	18.3	7	24.5
⑤₂₋₂	粉质黏土	17.8	14	16.5
⑤₂₋₃	粉砂	18.4	0	30.5
⑤₃₋₁	粉质黏土	17.8	15	17.0

3）地下水类型

拟建场地地下水类型有浅部土层中的潜水、中部土层中的微承压水（第⑤$_{2-1}$层、⑤$_{2-3}$层和⑤$_{3-2}$层）和深部土层中的承压水（第⑦层、⑨层及⑪层）。因本工程基坑开挖深度约为15.5m，浅部的潜水和第⑤$_2$层微承压水均与本工程建设密切相关。

本场地地下水和土对混凝土结构有微腐蚀性，对钢结构有弱腐蚀性，在长期浸水环境下对钢筋混凝土结构中的钢筋有微腐蚀性，在干湿交替环境下对钢筋混凝土结构中的钢筋有弱腐蚀性。

4）不良地质条件

基坑开挖深度内第①$_1$层填土，成分复杂，结构松散，厚度普遍较大，对围护结构施工质量不利；拟建场地南侧明浜地段浜底分布有浜淤泥及填土，土质软弱松散，故需注意浜土对围护结构施工的不利影响。设计时要求施工前对基坑内侧及企荣路下方7m范围内湖塘进行清淤回填，并保证回填土的密实度；其余区域人工湖保留，水面标高为3.91m。拟建场地内旧基础在基坑开挖前需予以清除，对存在的原地下管线应进行必要的物探工作，对尚需使用的管线在施工前宜进行搬迁。

（2）本基坑工程特点

工程概况特点

1）基坑开挖深度深、面积大：基坑开挖面积约15784m²，开挖深度14.3m及15.2m，局部深坑落深1.4～3.8m；属深大基坑，基坑安全等级为一级。但基坑形状规则，宽度适中，便于布置内支撑，支撑传力比较直接。

2）周边环境相对比较宽松：南北两侧均为规划道路，下无管线，环境宽松；而东西侧地下管线均位于1倍基坑开挖深度以外，环境保护等级为二级，环境保护重点；济阳路高架桥墩距离基坑约 43m，虽位于 2～3 倍基坑深度，但相对较远，影响相对较小。

地质条件特点

1）地质条件复杂：基坑坑底落于④层淤泥质黏土层，开挖深度范围内分布的③层淤泥质粉质黏土、④层淤泥质黏土均为高压缩性软土层，呈流塑状，强度低，对控制基坑变形不利。第③层淤泥质粉质黏土局部夹较多薄层粉性土，在动水压力作用下易产生流砂、管涌等，设计时，需采取有效措施做好隔水降水设计。

2）承压水问题突出：本区域承压水水头较高，抽水试验期间⑤₂₋₁ 层水位埋深为 4.7m、⑤₂₋₃ 层水位埋深 4.9m，据此水头计算坑底抗突涌稳定性。结果表明基坑开挖深度大于 10.02m，需降低第⑤₂₋₁ 层微承压含水层水位。基坑开挖深度大于 13.35m 时，需降低第⑤₂₋₃ 层微承压含水层水位。

基坑围护特点

钻孔灌注桩＋等厚度水泥土搅拌墙围护

为了弥补方案三中三轴水泥土搅拌桩止水帷幕的不足，可采用等厚度水泥土搅拌墙作为止水帷幕，形成钻孔灌注桩与等厚度水泥土搅拌墙相结合的围护形式。与传统的圆形截面水泥土搅拌桩相比，由 TRD 工法构建的等厚度水泥土墙适用范围更广，隔水性能更可靠，其最大成墙深度可达 60m，且垂直度偏差不大于 1/250。由于采用切削刀具在整个成墙深度范围内进行搅拌混合，成墙质量均匀、水泥土掺量均一，其水平向连续直线推进的成墙工艺，避免了深层开叉问题，墙体隔水性可靠。

本工程采用钻孔灌注桩＋等厚度水泥土搅拌墙的围护形式，其中钻孔灌注桩作为挡土结构，等厚度水泥土搅拌墙作为止水帷幕。

（3）等厚度水泥土搅拌墙的止水效果数值模拟

1）数值模拟的模型建立

Modflow 三维模块化有限差分地下水流动数学模型

$$\frac{\partial}{\partial_x}\left[K_{xx}\frac{\partial_1}{\partial_x}\right]+\frac{\partial}{\partial_y}\left[K_{yy}\frac{\partial_1}{\partial_y}\right]+\frac{\partial}{\partial_z}\left[K_{zz}\frac{\partial_1}{\partial_z}\right]+W=S_s\frac{\partial_1}{\partial_t}$$

其中：K_{xx}——沿着 X，Y，Z 三个主轴方向的渗透系数；

　　　W——单位体积含水层的流入（流出）水量；

　　　S_s——含水层贮水系数；

　　　H——水头；

　　　T——时间。

根据勘察报告，拟建场地属古河道分布区，在 105.29m 深度范围内地基土属第四纪滨海～河口相、浅海相、沼泽相及溺谷相沉积物，主要由黏性土、粉性土及砂土组成，一般具有成层分布特点。其中第⑤₂₋₃ 层灰色粉砂，厚度相对较厚，夹薄层黏性土及细砂，局部夹少量粉质黏土。承压水位较高，会对基坑开挖及施工产生影响，在此以其为目标含水层进行研究。

工程采用等厚混凝土防渗墙作为止水帷幕，为评估其止水效果以及降水过程对周围环境的影响，采用 modflow 三维模块化有限差分地下水流动模型对目标区域进行抽水降压模拟。根据工程条件防渗墙深度为 35m，渗透系数目标含水层初始水头（绝对标高）取 3.74m。在基坑范围内布置十口减压井，取其稳定抽水量为单井 10m³/h。

2）数值模拟的结果

由数值模拟结果来看，在降水减压达到目的以后，对基坑外环境影响较小。在基坑外，100m 范围内地下水位降深在 1.0～1.5m 之间，100m 以外降深小于 1m，符合实际工程要求。模拟结果如图 2-7～2-10 所示。

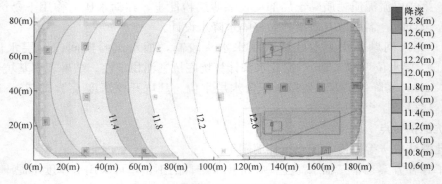

图 2-7　基坑水位降深等值线图

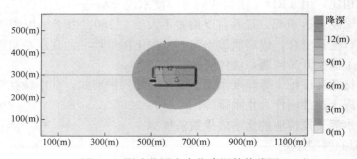

图 2-8　影响范围内水位降深等值线图

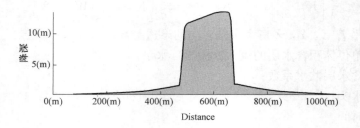

图 2-9　影响范围内水位降深剖面图

（4）监测结果

为了掌握基坑施工过程中对周边环境的影响，及时指导正确施工、避免事故的发生，同时验证本基坑围护结构设计方案的合理性，对本基坑工程进行了详细的监测，监测项目包括：周边地下管线沉降及水平位移，周边建（构）筑物及地表沉降，围护墙顶沉降及水平位移，围护墙及土体深层水平位移，支撑轴力，立柱沉降以及坑外水位这七项内容，为了论证等厚度水泥土搅拌墙止水帷幕在实际应用中的降水效果，这里特别介绍基坑开挖过程中对于坑外水位的监测结果，坑外水位监测点布置如图 2-11 所示，坑外水位监测得到

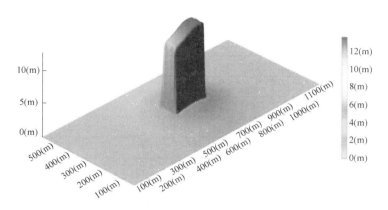

图 2-10　影响范围内水位降深三维效果图

的报表数据见表 2-3。

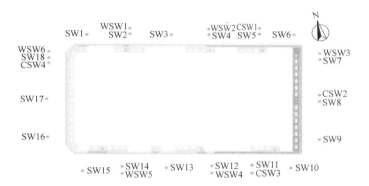

图 2-11　基坑开挖过程中坑外水位监测点分布

监测点说明：

SW1～SW18 为坑外潜水位监测点。

WSW1～WSW6 为坑外微承压水位监测点。

CSW1～CSW4 为坑外承压水位监测点。

坑外水位监测报表　　　　　　　　　　　　　　　　表 2-3

点号	累计变化量 （cm）	点号	累计变化量 （cm）
SW1	−35	WSW1	−68
SW2	−17	WSW2	−92
SW3	−36	WSW3	−67
SW4	−39	WSW4	−88
SW5	−18	WSW5	−87
SW6	−19	WSW6	−60
SW7	−48	CSW1	−55

点号	累计变化量	点号	累计变化量
	(cm)		(cm)
SW8	−6	CSW2	−61
SW9	−28	CSW3	−42
SW10	−30	CSW4	−35
SW11	−40		
SW12	−39		
SW13	−42		
SW14	−43		
SW15	−53		
SW16	−51		
SW17	−44		
SW18	−66		

根据已有的监测结果，对基坑开挖工程中的水位变化进行分析：

1）通过对基坑坑外监测，发现开挖工程中，潜水位变化范围在−6～−66cm 之间，最小变化量发生在基坑东侧的 SW8 测点，为−6cm；最大变化量发生在基坑西北角的 SW18 测点，为−66cm，说明止水帷幕对基坑东侧的给水管道和高架保护到位，达到了设计预期目标。

2）微承压水与承压水测点数据显示，各测点的水位累计变化量较为平均，其中位于基坑西北角的 WSW6 测点水位累计变化为−60cm，是微承压水所有测点中水位累计变化量最小的测点，同样，对于承压水位，位于基坑西北角的 CSW4 测点累计水位变化量亦是最小，为−35cm。

(5) 结语

本基坑工程位于典型的上海软土地区，开挖深度在 14.3～15.2m 范围内，选择钻孔灌注桩作为挡土结构，等厚度水泥土搅拌墙作为止水帷幕的围护形式，相比其他施工工艺，既保证了围护结构的承载能力、施工质量，又节约了造价，值得在挖深较大、周围环境较为复杂、地下室外墙不采用两墙合一的基坑工作中推广应用。

此外，本工程地质条件较为复杂，止水帷幕深度较大，选用 TRD 工法等厚度水泥土搅拌墙设计，对控制基坑承压水降水对济阳路侧环境的影响，重点保护本基坑东侧给水管及高架，起到了期望得到的显著效果。

（二）超深地下连续墙施工技术

1. 概念

（1）超深地下连续墙的概念

地下连续墙（DiaphragmWall）是利用各种挖槽机械，借助于泥浆的护壁作用，在地下挖出窄而深的沟槽，放下预先制作好的钢构架，并在其内浇灌适当的材料而形成一道具有防渗（水）、挡土和承重功能的连续的地下墙体。超深地下连续墙是由于城市的不断发展，普通深度的地下连续墙不能满足实际工程需要，由此产生的深度较深的地下连续墙。根据文献研究和工程实践，一般认为深度超过40m的地下连续墙称为超深地下连续墙。

（2）超深地下连续墙的优缺点

1）超深地下连续墙的优点

① 适用于各地多种土质情况。目前在我国除岩溶地区和承压水头很高的砂砾层难以采用外，在其他各种土质中皆可应用超深地下连续墙技术。在一些复杂的条件下，它几乎成为唯一可采用的有效的施工方法。

② 施工时振动小、噪声低，有利于城市建设中的环境保护。

③ 能在建筑物、构筑物密集地区施工。由于超深地下连续墙的刚度大，能承受较大的侧向压力，在基坑开挖时，变形小，周围地面的沉降少，因而不会影响或较少影响邻近的建筑物或构筑物。国外在距离已有建筑物基础几厘米处就可进行超深地下连续墙施工。我国的实践也已证明，距离现有建筑物基础1m左右就可以顺利进行施工。

④ 能兼作临时设施和永久的地下主体结构。由于超深地下连续墙具有强度高、刚度大的特点，不仅能用于深基础护壁的临时支护结构，而且在采取一定结构构造措施后可用作地面高层建筑基础或地下工程的部分结构。一定条件下可大幅度减少工程总造价，获得经济效益。

2）超深地下连续墙的缺点和局限性

① 对于岩溶地区含承压水头很高的砂砾层或很软的黏土（尤其当地下水位很高时），如不采用其他辅助措施，目前尚难于采用地下连续墙工法；

② 如施工现场组织管理不善，可能会造成现场潮湿和泥泞，影响施工的条件，而且要增加对废弃泥浆的处理工作；

③ 如施工不当或土层条件特殊，容易出现不规则超挖和槽壁坍塌；

④ 现浇超深地下连续墙的墙面通常较粗糙，如果对墙面要求较高，墙面的平整处理增加了工期和造价；

⑤ 超深地下连续墙如仅用作施工期间的临时挡土结构，在基坑工程完成后就失去其使用价值，所以当基坑开挖不深，则不如采用其他方法经济；

⑥ 需有一定数量的专用施工机具和具有一定技术水平的专业施工队伍，使该项技术推广受到一定限制。

3）超深地下连续墙适用类型

超深地下连续墙的厚度具有固定的模数，不能像灌注桩一样对桩径和刚度进行灵活调整，因此，地下连续墙只有用在一定深度的基坑工程或其他特殊条件下才能显示其经济性和特有的优势。

① 处于软弱地基的深大基坑，周围建筑物或构筑物密集，对基坑本身的变形和防水要求较高的工程。

② 地下室外墙与红线距离极近，采用其他围护形式无法满足留设施工操作空间要求的工程；

③ 既作为土方开挖时的临时基坑围护结构，又作为主体结构的一部分的地下工程。

④ 采用逆作法施工，超深地下连续墙同时作为挡土结构、地下室外墙、地面高层房屋基础的工程。

⑤ 在超深基坑中，例如 30～50m 的深基坑工程，采用其他围护体无法满足要求时，常采用地下连续墙作为围护体。

2. 施工工艺

(1) 工艺原理

超深地下连续墙的施工工艺，就是在地面上先构筑导墙，采用专门的成槽设备，沿着支护或深开挖工程的周边，在特制泥浆护壁条件下，每次开挖一定长度的沟槽至指定深度，清槽后，向槽内吊放钢筋笼，然后用导管法浇注水下混凝土，混凝土自下而上充满槽内并把泥浆从槽内置换出来，筑成一个单元槽段，并依此逐段进行，这些相互邻接的槽段在地下筑成一道连续的钢筋混凝土墙体，以作承重、挡土或截水防渗结构之用。

(2) 工艺流程

超深地下连续墙的一般施工流程为：测量放线→施工导墙→成槽→排、清渣→吊放接头管→吊放钢筋笼→浇筑水下混凝土→拔出接头管。具体施工流程如图 2-12 所示。

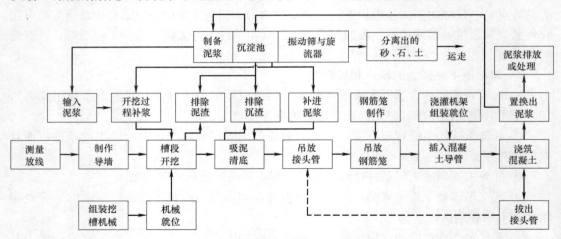

图 2-12　超深地下连续墙的施工流程

3. 超深地下连续墙的施工要点和关键技术

超深地下连续墙的施工工艺流程与普通地下连续墙类似，超深地下连续墙的施工要点和关键技术主要有：①导墙施工；②成槽施工；③泥浆配制及槽壁的稳定性；④槽段清基及接头处理；⑤钢筋笼的吊放；⑥水下混凝土的浇筑。

(1) 导墙的施工

在地下连续墙成槽前，应先砌筑导墙，导墙质量的好坏直接影响地下连续墙的轴线和标高，应确保准确的宽度、平直度和垂直度。另外，导墙是存储泥浆、稳定液位、维护上部土体稳定、防止土体坍落、承受施工静载和动载的重要措施。

1）导墙的形式

导墙一般采用现浇钢筋混凝土结构形式，部分采用钢制或预制钢筋混凝土装配式结构。由于预制式导墙难以做到底部与土层结合，对防止泥浆的流失效果较差，一般工程中应用较少。导墙断面有多种形式，常见的有"倒 L 形"、"〕〔形"及"L 形"。"倒 L 形"多用在土质较好土层，后两者多用在土质略差土层，底部外伸扩大支承面积。

2）导墙的施工要点及质量要求

① 导墙多采用 C20～C30 钢筋混凝土，双向配筋 $\phi 8$～16@150～200。现浇导墙施工流程为：平整场地→测量定位→挖槽→绑扎钢筋→支模板→浇筑混凝土→拆模及设置横撑。内外导墙间净距比设计得墙厚度大 40～60mm，肋厚 150～300mm，高 1.2～1.5m，墙底进入原土 0.2m。

② 在导墙的制模工作完成后，对模板的稳定，轴线尺寸的复核验收及混凝土浇筑面做好标注后，才可以进行混凝土浇筑。导墙要对称浇筑，强度达到 70% 后方可拆模，其间要做好必要的混凝土浇水养护工作。拆除后立即设置上下二道 10cm 直径圆木（或 10cm 见方方木）支撑，防止导墙向内挤压，支撑水平间距 1.5～2.0m，上下为 0.8～1.0m。

③ 导墙外侧填土应以黏土分层回填密实，防止地面水从导墙背后渗入槽内，并避免被泥浆掏刷后发生槽段坍塌。

④ 导墙顶墙面要水平，内墙面要垂直，底面要与原土面密贴。墙面不平整度小于 5mm，竖向墙面垂直度应不大于 1/500。内外导墙间距允许偏差 ±5mm，轴线偏差 ±10mm。

⑤ 混凝土养护期间成槽机等重型设备不应在导墙附近作业停留，成槽前支撑不允许拆除，以免导墙变位。

⑥ 导墙在地墙转角处根据需要外放 200mm～500mm，成 T 形或十字形交叉，使得成槽机抓斗能够起抓，确保地墙在转角处的断面完整。

地下连续墙的施工要点直接关系到地下连续墙施工质量，是地下连续墙施工需要重点控制的几个关键点，施工时需要针对以上各个施工要点，编制详细的施工方案和施工措施。

（2）成槽施工

成槽工艺是地下连续墙施工中最重要的工序，常常要占到槽段施工工期一半以上，因此做好挖槽工作是提高地下连续墙施工效率及保证工程质量的关键。目前常用的基本成槽工法主要有三类：（1）抓斗式成槽工法；（2）冲击式钻进成槽工法；（3）回转式钻进成槽工法；（4）组合成槽工法。

1）抓斗式成槽工法

抓斗式成槽工法是利用抓斗斗齿切削土体，切削下的土体收容在斗体内，从槽段内提出后开斗卸土，循环往复进行挖土成槽。抓斗式成槽法该成槽工法在建筑、地铁等行业中应用极广，是目前国内地下连续墙成槽的主要方法。

该种成槽工法地层适应性广，除大块的漂卵石、基岩外，一般的覆盖层均可。并且低噪音低振动、抓斗挖槽能力强、施工高效、成槽精度较高。但当掘进深度较深或遇硬层时，成槽工效将大大降低，需配合其他方法组合使用。

2）冲击式钻进成槽工法

冲击式钻进成槽工法是世界上最早出现的地下连续墙成槽工法之一，也是我国地下连续墙应用最早的成槽工法之一。由于该种成槽工法成槽效率不高，成槽质量差，逐渐被较为先进的成槽工法所代替。

国内冲击钻进成槽工法主要有冲击钻进式（钻劈法）和冲击反循环式（钻吸法）。冲击钻进法采用的是冲击破碎和抽筒掏渣（即泥浆不循环）的工法，即冲击钻机利用钢丝绳悬吊冲击钻头进行往复提升和下落运动，依靠其自身的重量反复冲击破碎岩石，然后用一只带有活底的收渣筒将破碎下来的土渣石屑取出而成孔。一般先钻进主孔，后劈打副孔，主副孔相连成为一个槽孔。

冲击反循环式是以冲击反循环钻机替代冲击钻机，在空心套筒式钻头中心设置排渣管（或用反循环砂石泵）抽吸含钻渣的泥浆，经净化后回至槽孔，使得排渣效率大大提高，泥浆中钻渣减少后，钻头冲击破碎的效率也大为提高，槽孔建造既可以用平打法，也可分主副孔施工。这种冲击反循环钻机的钻吸法工效大大高于老式冲击钻机的钻劈法。

该种成槽工法在各种土、砂层、砾石、卵石、漂石、软岩、硬岩中都能使用，特别适用于深厚漂石、孤石等复杂地层施工，在此类地层中其施工成本要远低于抓斗式成槽机和液压铣槽机。另外，该种成槽方法施工机械简单、操作简便、成本低，目前仍是国内水利部门在防渗墙施工中使用的主要方法之一。

3）回转式成槽工法

根据回转式成槽机回转轴的方向分垂直回转式与水平回转式。

① 垂直回转式

垂直式分垂直单轴回转钻机（也称单头钻）和垂直多轴回转钻机（也称多头钻）。单头钻主要用来钻导孔，多头钻多用来挖槽。

A. 单头钻

单头钻机多采用反循环钻进工艺，在细颗粒地层也可采用正循环出渣。由于钻进中会遇到从软土到基岩的各种地层，一般均配备多种钻头以适应钻进的需要。另外，泥浆不循环的旋挖钻进工法也在部分工程中得以应用，其工作原理是机器施加强大的动力（扭矩）使钻头、振动沉管、摇管、全套管等在回转过程中切削破碎岩（土）体，再用旋挖斗、螺旋钻、冲抓斗等设备直接挖土至孔外。

旋挖钻进工法中比较先进的是一种全回转式全套管钻进工法，其特点是可以在非常坚硬的地质条件下（即使是抗压强度大于 250MPa 的岩石）进行连续套管切割并确保钻进速度。

B. 多头钻

垂直多头回转钻是利用两个或多个潜水电机，通过传动装置带动钻机下的多个钻头旋转，等钻速对称切削土层，用泵吸反循环的方式排渣进入振动筛，较大砂石、块状泥团由振动筛排出，较细颗粒随泥浆流入沉淀池，通过旋流器多次分离处理排除，清洁泥浆再供循环使用。多头钻一次下钻挖成的幅段称为掘削段，几个掘削段构成一个单元槽段。

该种成槽工法施工时无振动无噪音，可连续进行挖槽和排渣，不需要反复提钻，施工效率高，施工质量较好，垂直度可控制在 $1/200 \sim 1/300$ 之间。在 $N < 30$ 的黏性土、砂性土等不太坚硬的细颗粒地层中应用广泛，但在砾石卵石层中及遇障碍物时成槽适应性欠佳。成槽深度可达 40m 左右。近年来多头钻逐渐为抓斗及水平多轴回转钻机（铣槽机）所替代，但对于土砂等细颗粒地层有一定的应用。

② 水平回转式

水平回转式成槽工法是以动力驱使安装双轮铣成槽机机架上的两个鼓轮（也称铣轮）向相互反向旋转来削掘岩（土）并破碎成小块，利用机架自身配置的泵吸反循环系统将钻掘出的岩（土）渣与泥浆混合物通过铣轮中间的吸砂口抽吸出排到地面专用除砂设备进行集中处理，将泥土和岩石碎块从泥浆中分离，净化后的泥浆重新抽回槽中循环使用，如此往复，直至终孔成槽。

该种成槽工法采用目前国内外最先进的地下连续墙成槽机械——双轮铣成槽机，最大成槽深度可达 150m，一次成槽厚度在 800mm～2800mm 之间。主要优点如下：

A. 对地层适应性强，淤泥、砂、砾石、卵石、中等硬度岩石等均可掘削，配上特制的滚轮铣刀还可钻进抗压强度为 200MPa 左右的坚硬岩石；

B. 施工效率高，掘进速度快，一般沉积层可达 20～40m³/h（较之抓斗法高 2～3 倍），中等硬度的岩石也能达 1～2m³/h。

C. 成槽精度高，利用电子测斜装置和导向调节系统、可调角度的鼓轮旋铣器，可使垂直度高达 1‰～2‰。

D. 成槽深度大，一般可达 60m，特制型号可达 150m；

E. 能直接切割混凝土，在一、二序槽的连接中不需专门的连接件，也不需采取特殊封堵措施就能形成良好的墙体接头；

F. 设备自动化程度高，运转灵活，操作方便。以电子指示仪监控全施工过程，自动记录和保存测斜资料，在施工完毕后还可全部打印出来作工程资料；

G. 低噪音、低振动，可以贴近建筑物施工。

该种成槽工法性能优越，但设备价格昂贵、维护成本高；不适用于存在孤石、较大卵石等地层，需配合使用冲击钻进工法或爆破；对地层中的铁器掉落或原有地层中存在的钢筋等比较敏感。目前，该种成槽工法在发达国家已普遍采用。受施工成本、设备数量限制，在国内还未全面推广。

4）组合成槽工法

超深地下连续墙墙趾普遍进入中风化岩层 1～8m，岩层单轴抗压强度普遍在 10MPa 以上，单一的液压抓斗成槽机械和传统的成槽工艺无法满足成槽的质量和速度要求。在复杂地层中的成槽施工，多种成槽工法的组合工艺因具有效率高、成本低、质量优等优点而得到广泛的应用。

较为传统的工法组合主要为抓斗和冲击钻或钻机配合使用形成"抓冲法"或"钻抓法"（如两钻一抓、三钻两抓或四钻三抓等）；随着铣槽机的应用，出现了"抓铣结合"、"钻铣结合"、"铣抓钻结合"等新工法组合；在硬岩、孤石等坚硬地层中，发展的组合工法有"钻凿法"和"凿铣法"等。

"抓冲法"以冲击钻钻凿主孔，抓斗抓取副孔，这种方法可以充分发挥两种机械的优势，冲击钻可以钻进软硬不同的地层，而抓斗取土效率高，抓斗在副孔施工遇到坚硬地层时随时可换上冲击钻或重凿（"抓凿法"）克服。此法可比单用冲击钻成槽显著提高工效 1～3 倍，地层适应性也广。"钻抓法"是以钻机（如潜水电钻）在抓斗幅宽两侧先钻两个导孔，再以抓斗抓取两孔间土体，效果较好。早期的蚌式抓斗索式导板抓斗由于没有纠偏装置，多是利用钻抓法来进行成槽的，以导孔的垂直度来直接控制成槽的垂直度。

"抓铣结合"工法组合,对于上部软弱土层采用抓斗成槽机成槽,进入硬土层(或软岩层)后采用铣槽机铣削成槽,大幅度提高了成槽掘进效率,并在铣槽机下槽的过程中对上部已完成的槽壁进行修整,确保整个槽壁垂直度达到要求。"铣抓钻结合"工法组合,上部风化砂用液压铣铣削,中部砂卵石用抓斗抓取,下部块球体及基岩用冲击反循环钻进,三种工法扬长避短,确保成槽质量和进度。

"钻凿法是用8~12t的重凿冲凿并与冲击反循环钻机相配合的一种工艺,这种工法取得了在硬岩中施工效率较高、成本低的效果。

(3) 泥浆配置和槽壁的稳定性

超深地下连续墙成槽时间长,后续工序多,要求槽壁稳定的时间成倍增加,施工中经常发生槽壁坍塌事故,对人身和财产安全造成了不可估量的损害,而泥浆是地下连续墙施工中成槽槽壁稳定的关键,泥浆主要起到护壁、携渣、冷却机具和切土润滑的作用。因此,配制较稳定的泥浆,同时辅助其他措施(槽壁三轴水泥土搅拌加固),改善槽壁的稳定性成为超深地下连续墙施工的一个重要的技术问题。工程施工中,一般对软弱土、埋深较浅的松散地层提前加固,成槽之前试成槽,控制泥浆液面与导墙顶的距离,合理控制泥浆重度等。

1) 泥浆护壁

泥浆护壁的主要机理是泥浆通过在地层中渗透在槽壁上形成泥皮,并在压力差(泥浆液面与地下水液面的差值)的作用下,将有效作用力(泥浆柱压力)作用在泥皮上以抵消失稳作用力从而保证槽壁稳定。

① 泥浆的配制

目前工程中较大量使用的主要是膨润土泥浆,以膨润土为主、CMC(羧甲基纳纤维素,又称人造糨糊,增粘剂、降失水剂)、纯碱(Na_2CO_3,分散剂)等为辅的泥浆制备材料,利用pH值接近中性的水(自来水)按一定比例进行拌制而成。不同地区、不同地质水文条件、不同施工设备,对泥浆的性能指标都有不同的要求,为了达到最佳的护壁效果,应根据实际情况由试验确定泥浆最优配合比。一般软土地层中可按下列重量配合比试配:水:膨润土:CMC:纯碱＝100:(8~10):(0.1~0.3):(0.3~0.4)。在特殊的地质和工程的条件下,泥浆的比重需加大,单靠增加膨润土的用量不行时,可在泥浆中掺入一些比重大的掺合物如重晶石粉,达到增大泥浆比重的目的。同时,在透水性大的砂或砂砾层中,出现泥浆漏失现象,可掺入锯末、稻草末等堵漏剂,达到堵漏的目的。

泥浆应经过充分搅拌,新配制的泥浆应静置24h以上,使膨润土充分水化后方可使用,使用中应经常测定泥浆指标。成槽结束时要对泥浆进行清底置换,不达标的泥浆应按环保规定予以废弃。泥浆的储备量一般按最大单元槽段体积的1.5~2倍考虑。

②泥浆的处理

泥浆处理方法通常因成槽方法而异。对于有泥浆循环的挖槽方法(如钻吸法、回转式成槽工法),在挖槽过程中就要处理含有大量土渣的泥浆,以及混凝土浇筑所置换出来的泥浆;而对于直接出渣挖槽方法(如抓斗式成槽工法),在挖槽过程中无须进行泥浆处理,而只处理混凝土浇筑置换出的泥浆。因此泥浆处理分为土渣的分离处理(物理再生处理)和污染泥浆的化学处理(化学再生处理),其中物理处理又分重力沉淀和机械处理两种,重力沉淀处理是利用泥浆与土渣的比重差使土渣产生沉淀的方法,机械处理是使用专用除砂除泥装置回收。泥浆再生处理用重力沉淀、机械处理和化学处理联合进行效果最好。从槽段中回收的泥浆经振动筛除去其中较大的土渣，进入沉淀池进行重力沉淀，再通过旋流器分离颗粒较小的土渣，若还达不到使用指标，再加入掺加物进行化学处理。混凝土浇筑置换出来的泥浆，因水泥浆中含有大量钙离子，会使泥浆产生凝胶化，一方面使得泥浆的泥皮形成性能减弱，槽壁稳定性较差；另一方面使得泥浆黏性增高，土渣分离困难，在泵和管道内的流动阻力增大。对这种恶化了的泥浆（PH≤11）要进行化学处理。化学处理一般用分散剂，经化学处理后再进行土渣分离处理。通常槽段最后 2～3m 左右浆液因污染严重而直接废弃。处理后的泥浆经指标测试，根据需要可再补充掺入泥浆材料进行再生调制，并与处理过的泥浆完全融合后再重复使用。

③ 泥浆控制要点及质量要求

A. 严格控制泥浆液位，确保泥浆液位在地下水位 0.5m 以上，并不低于导墙顶面以下 0.3m，液位下落及时补浆，以防槽壁坍塌。在容易产生泥浆渗漏的土层施工时，应适当提高泥浆黏度和增加储备量，并备堵漏材料。如发生泥浆渗漏，应及时补浆和堵漏，使槽内泥浆保持正常。

B. 在施工中定期对泥浆指标进行检查测试，随时调整，做好泥浆质量检测记录。一般做法是：在新浆拌制后静止 24h，测一次全项目；在成槽过程中，一般每进尺 1～5m 或每 4h 测定一次泥浆比重和黏度；挖槽结束及刷壁完成后，分别取槽内上、中、下三段的泥浆进行比重、黏度、含砂率和 pH 值的指标设定验收，并作好记录。在清槽结束前测一次比重、黏度；浇灌混凝土前测一次比重。后两次取样位置均应在槽底以上 200mm 处。失水量和 pH 值，应在每槽孔的中部和底部各测一次。含砂量可根据实际情况测定。稳定性和胶体率一般在循环泥浆中测定。

C. 在遇有较厚粉砂、细砂地层（特别是埋深 10m 以上）时，可适当提高黏度指标，但不宜大于 45s；在地下水位较高，又不宜提高导墙顶标高的情况下，可适当提高泥浆比重，但不宜超过 1.25 的指标上限，并采用掺加重晶石的技术方案。

D. 减少泥浆损耗措施：在导墙施工中遇到的废弃管道要堵塞牢固；施工时遇到土层空隙大、渗透性强的地段应加深导墙。

E. 防止泥浆污染措施：灌注混凝土时导墙顶加盖板阻止混凝土掉入槽内；挖槽完毕应仔细用抓斗将槽底土渣清完，以减少浮在上面的劣质泥浆数量；禁止在导墙沟内冲洗抓斗。不得无故提拉浇注混凝土的导管，并注意经常检查导管水密性。

2）槽壁的稳定性

槽壁的稳定性是地下连续墙施工质量保证的前提，影响槽壁稳定性的因素较多，主要分为内因和外因两方面：内因主要包括地层条件、泥浆性能、地下水位以及槽段划分尺寸、形状等；外因主要包括成槽开挖机械、开挖施工时间、槽段施工顺序以及槽段外场地施工荷载等。可采用以下措施保证槽壁的稳定性。

① 槽壁土加固：在成槽前对地下连续墙槽壁进行加固。

② 加强降水：通过降低地墙槽壁四周的地下水位，防止地墙在浅部砂性土中成槽开挖过程中易产生塌方、管涌、流砂等不良地质现象。

③ 泥浆护壁：泥浆性能的优劣直接影响到地墙成槽施工时槽壁的稳定性，是一个很重要的因素。为了确保槽壁稳定，选用黏度大、失水量小、能形成护壁泥薄而坚韧的优质泥浆，并且在成槽过程中，经常监测槽壁的情况变化，并及时调整泥浆性能指标，添加外

加剂，确保土壁稳定，做到信息化施工；及时补浆。

④ 周边限载：地下连续墙周边荷载主要是大型机械设备如成槽机、履带吊、土方车及钢筋混凝土搅拌车等频繁移动带来的压载及震动，为尽量使大型设备远离地墙，在正处施工过程中的槽段边铺设路基钢板加以保护，并且严禁在槽段周边堆放钢筋等施工材料。

⑤ 导墙选择：导墙的刚度影响槽壁稳定。根据工程施工情况选择合适的导墙形式，通常导墙采用"┐┌"型或"〕〔"形。

3）槽段清基及接头处理

① 槽段清基

成槽完毕后应采用捞抓法进行清基，保证槽底沉渣不大于 100mm；清空后槽底泥浆比重不大于 1.15。清渣过程中必须及时补充新鲜泥浆至槽段内保持泥浆液面，至抓斗抓出物主要为稀泥浆时，开始进行置换法清底，可采用气举法进行清基，由起重机悬吊空气升液器入槽，空气压缩机输送压缩空气，以吸浆反循环法吸除沉积在槽底的沉渣，置换出的泥浆经泥浆分离机处理后用于槽段内循环。当空气升液器在槽底部往复移动不再吸出土渣，实测槽底沉渣厚度，如沉渣厚度大可以使用成槽机抓斗继续下至槽底捞渣，直至槽底沉渣厚度小于 10cm，槽内泥浆各项指标符合要求后，方可进入下一步施工。

同时，为提高接头处的抗渗及抗剪性能，对地墙接合处用外形与槽段端头相吻合的接头刷，紧贴混凝土凹面筑，上下反复刷动 5～10 次，刷除附在凹面上的泥皮，保证混凝土浇筑后密实、不渗漏。

② 接头处理

接头的处理和施工是地下连续墙受力和防渗的关键，接头应满足受力和防渗的要求。同时，接头要求施工简便、质量可靠，并对下一单元槽段的成槽不会造成影响。目前最常用的接头形式有以下几种：

锁口管接头

目前最为常用的施工接头为接头管接头，又称锁口管，接头管大多为圆形。

该类型接头构造简单、施工方便、工艺成熟、刷壁方便，易清除先期槽段侧壁泥浆、后期槽段下放钢筋笼方便、造价较低。但该类型接头属柔性接头，接头刚度差，整体性差；抗剪能力差，受力后易变形；接头呈光滑圆弧面，无折点，易产生接头渗水；接头管的拔除与墙体混凝土浇筑配合需十分默契，否则极易产生"埋管"或"塌槽"事故。

"H"型钢接头、十字钢板接头、"V"形接头

以上 3 种接头属于目前大型地下连续墙施工中常用的 3 种接头，能有效地传递基坑外土水压力和竖向力，整体性好，在地下连续墙设计尤其是当地下连续墙作为结构一部分时，在受力及防水方面均有较大安全性。

A. 十字钢板接头

十字钢板接头是由十字钢板和滑板式接头箱组成，在"H"型钢接头上焊接两块"T"形型钢，并且"T"形型钢锚入相邻槽段中，进一步增加了地下水的绕流路径，在增强止水效果的同时，增加了墙段之间的抗剪性能。形成的地下连续墙整体性好。该类型接头处设置了穿孔钢板，增长了渗水途径，防渗漏性能较好，抗剪性能较好。但工序多，施工复杂，难度较大，刷壁和清除墙段侧壁泥浆有一定困难，抗弯性能不理想，接头处钢板用量较多，造价较高。当对地下连续墙的整体刚度或防渗有特殊要求时采用较多。

B. "H" 型钢接头

"H" 型钢接头是一种隔板式接头,能有效地传递基坑外土、水压力和竖向力,整体性好,在地下连续墙设计尤其是当地下连续墙作为结构一部分。在受力及防水方面均有较大安全性。

该类型接头利用"H" 型钢板接头与钢筋骨架相焊接,钢板接头不须拔出,增强了钢筋笼的强度,也增强了墙身刚度和整体性;同时,"H" 型钢板接头存在槽内,既可挡住混凝土外流,又起到止水的作用,大大减少墙身在接头处的渗漏机会,比接头管的半圆弧接头的防渗能力强;另外,该类接头吊装比接头管方便,钢板不须拔出,不用考虑断管的现象;接头处的夹泥比半圆弧接头更容易刷洗,不影响接头的质量。

但 "H" 型接头在混凝土防渗方面易出现一些问题,尤其是接头位置出现塌方时,若施工时处理不妥,可能造成接头渗漏,或出现大量涌水情况。为此,应尽量避免偏孔现象发生。加强泡沫塑料块的绑扎及检查工作,改用较小的沙包充填接头使其尽量密实等施工中应注意的环节。

C. "V" 形接头

"V" 形接头是一种隔板式接头,施工简便,多用于超深地下连续墙。施工中,在一期槽钢筋笼的两端焊接型钢作为墙段接头,钢筋笼及接头下设安装后,为避免混凝土绕流至接头背面凹槽,可将接头两侧及底部型钢做适当的加长,并包裹土工布或者铁皮,使其下放入槽及混凝土浇筑时,自然与槽底及槽壁密贴。当二期槽成槽后,在下设钢筋笼前,必须对接头作特别处理外,采用专用钢丝刷的刷壁器进行刷壁,端头来回刷壁次数保证不少于 10 次,并且以刷壁器钢丝刷上无泥渣为准,必要时采用专门铲具进行清除。

该类型接头的优点是:能防止已施工槽段的混凝土外溢,化纤罩布施地面加工,工序较少,施工较方便,刷壁清浆方便,易保证接头混凝土质量。同时化纤罩布施工困难,受到风吹、坑壁碰撞、塌方挤压时易损坏;该类接头的刚度较差,受力后易变形,可能造成接头渗漏水。

4)铣接头

铣接头是利用铣槽机可直接切削硬岩的能力直接切削已成槽段的混凝土,在不采用锁口管、接头箱的情况下形成止水良好、致密的地下连续墙接头。

对比其他传统式接头,套铣接头主要有如下优势:

① 施工中不需要其他配套设备,如吊车、锁口管等。

② 可节省昂贵的工字钢或钢板等材料费用,同时钢筋笼重量减轻,可采用吨数较小的吊车,降低施工成本且利于工地动线安排。

③ 不论一期或二期槽挖掘或浇注混凝土时,均无预挖区,且可全速灌注无绕流问题,确保接头质量和施工安全性。

④ 挖掘二期槽时双轮铣套铣掉两侧一期槽已硬化的混凝土。新鲜且粗糙的混凝土面在浇筑二期槽时形成水密性良好的混凝土套铣接头。

5)承插式接头(接头箱接头)

接头箱接头的施工方法与接头管接头相似,只是以接头箱代替接头管。接该类型接头具有整体性好、刚度大、受力后变形小、防渗效果较好等优点。同时,该类型接头构造复杂,施工工序多,施工麻烦;刷壁清浆困难;伸出接头钢筋易碰弯,给刷壁清泥浆和安放后期槽段钢筋笼带来一定的困难。

（4）钢筋笼的吊放

一般情况下，根据成槽设备的数量及施工场地的实际情况，在工程场地设置钢筋笼安装平台，现场加工钢筋笼，钢筋笼根据地下连续墙墙体配筋图和单元槽段的划分来制作。对于超深地下连续墙，钢筋笼可分段制作，在吊放时再逐段连接，接头宜用帮条焊接。纵向受力钢筋的搭接长度，如无明确规定时可采用 60 倍的钢筋直径。

制作钢筋笼时要预先确定浇筑混凝土用导管的位置，并上下贯通，周围需增设箍筋和连接筋进行加固。由于横向钢筋有时会阻碍导管插入，所以纵向主筋应放在内侧，横向钢筋放在外侧。纵向钢筋的底端应距离槽底面 10～20cm。纵向钢筋底端应稍向内弯折，以防止吊放钢筋笼时擦伤槽壁，但向内弯折的程度亦不要影响插入混凝土导管。加工钢筋笼时，要根据钢筋笼重量、尺寸以及起吊方式和吊点布置，在钢筋笼内布置一定数量（一般 2～4 榀）的纵向桁架。制作钢筋笼时，要根据配筋图确保钢筋的正确位置、间距及根数。纵向钢筋接长宜采用气压焊接、搭接焊等。钢筋连接除四周两道钢筋的交点需全部点焊外，其余的可采用 50% 交叉点焊。成型用的临时扎结铁丝焊后应全部拆除。

钢筋笼的起吊、运输和吊放，不允许在此过程中产生不能恢复的变形。应根据钢筋笼重量选取主、副吊设备。并进行吊点布置，对吊点局部加强，沿钢筋笼纵向及横向设置桁架增强钢筋笼整体刚度。选择主、副吊扁担，并须对其进行验算，还要对主、副吊钢丝绳、吊具索具、吊点及主吊把杆长度进行验算。

钢筋笼的起吊应用横吊梁或吊架。吊点布置和起吊方式要防止起吊时引起钢筋笼变形。起吊时不能使钢筋笼下端在地面上拖引，以防下端钢筋弯曲变形，为防止钢筋笼吊起后在空中摆动，应在钢筋笼下端系上拽引绳以人力操纵。

插入钢筋笼时，最重要的是使钢筋笼对准单元槽段的中心、垂直而又准确的插入槽内。钢筋笼进入槽内时，吊点中心必须对准槽段中心，然后徐徐下降，此时必须注意不要因起重臂摆动或其他影响而使钢筋笼产生横向摆动，造成槽壁坍塌。钢筋笼插入槽内后，检查其顶端高度是否符合设计要求，然后将其搁置在导墙上。

超深地下连续墙钢筋笼是分段制作，吊放时需接长，下段钢筋笼要垂直悬挂往导墙上，然后将上段钢筋笼垂直吊起，上下两段钢筋笼成直线连接。

如果钢筋笼不能顺利插入槽内，应该重新吊出，查明原因加以解决，如果需要则在修槽之后再吊放。不能强行插放，否则会引起钢筋笼变形或使槽壁坍塌，产生大量沉渣。

（5）水下混凝土的浇筑

水下混凝土应具备较好的和易性，为改善和易与缓凝，宜掺加外加剂。地下连续墙混凝土用导管法进行浇筑。由于导管内混凝土和槽内泥浆的压力不同，在导管下口处存在压力差使混凝土可从导管内流出，导管在首次使用前应进行气密性试验，保证密封性能。地下连续墙开始浇筑混凝土时，导管应距槽底 0.5m。在混凝土浇筑过程中，导管下口总是埋在混凝土内 1.5m 以上，导管的最大插入深度亦不宜超过 9m。当混凝土浇筑到地下连续墙顶部附近时，采取降低浇筑速度，将导管的最小埋入深度减为 1m 左右，并将导管上下抽动。

混凝土浇筑过程中，导管不能作横向运动，不能使混凝土溢出料斗流入导沟，应随时掌握混凝土的浇筑量、混凝土上升高度和导管埋入深度，需随时量测混凝土面的高程，量测的方法可用测锤，应量测三个点取其平均值。亦可利用热敏电阻温度测定装置测定混凝

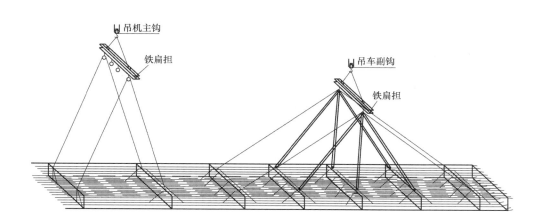

图 2-13　钢筋笼的起吊方法

土面的高程。

　　浇筑混凝土置换出来的泥浆，要送入沉淀池进行处理，泥浆不可溢出在地面上。导管的间距一般为 3～4m，单元槽段端部易渗水，导管距槽段端部的距离不得超过 2m。浇筑时宜尽量加快单元槽段混凝土的浇筑速度，一般情况下槽内混凝土面的上升速度不宜小于 2m/h。混凝土需超浇 30～50cm，以使在混凝土硬化后查明强度情况，将设计标高以上部分用风镐凿去。

4. 成槽机械设备

　　地下连续墙的施工设备主要是成槽机械设备，根据成槽工法的不同，主要成槽机械设备有抓斗式成槽机、液压铣槽机、多头钻（亦称为垂直多轴回转式成槽机）和旋挖式桩孔钻机等，其中，在我国，液压抓斗式成槽机应用最广，而旋挖式桩孔钻机中的铣槽机最为先进，目前在国际上应用最为广泛。

　　（1）抓斗式成槽机

　　抓斗式成槽机已成为目前国内地下连续墙成槽的主力设备，抓斗挖槽机以履带式起重机来悬挂抓斗，抓斗通常是蚌（蛤）式的，根据抓斗的机械结构特点分为钢丝绳抓斗、液压导板抓斗、导杆式抓斗和混合式抓斗。抓斗以其斗齿切削土体，切削下的土体收容在斗体内，从槽段内提出后开斗卸土，如此循环往复进行挖土成槽。目前应用相对比较广泛的抓斗设备有钢丝绳抓斗、液压导板抓斗、导杆式抓斗和混合式液压抓斗。

　　（2）冲击钻机

　　冲击钻进法采用的是冲击破碎和抽筒掏渣（即泥浆不循环）的工法，即冲击钻机利用钢丝绳悬吊冲击钻头进行往复提升和下落运动，依靠其自身的重量反复冲击破碎岩石，然后用一只带有活底的收渣筒将破碎下来的土渣石屑

图 2-14　MEH 液压抓斗

取出而成孔。一般先钻进主孔，后劈打副孔，主副孔相连成为一个槽孔。冲击钻机主要有YKC 型、CZ-22 和 CZ-30 型，冲击反循环钻机主要有 CZF 系列、CJF 系列、CIS-58 等。

（3）回转式成槽机

根据回转轴的方向分垂直回转式与水平回转式。而垂直式分垂直单轴回转钻机（也称单头钻）和垂直多轴回转钻机（也称多头钻）。单轴回转钻机主要有法国的 CIS-60、CIS-61、德国的 BG 和我国的 GJD、GPS、GQ 等。泥浆不循环的旋挖钻进工法钻机主要机型有法国的 CIS-71 型、意大利的 KCC 型和 MR-2 型、日本的 KPC-1200 和我国的 GJD-1500 等。全回转式全套管钻进机的主要机型有德国的 RDM 型和日本的 RT 型。而多钻头钻机主要机型有日本的 BW 系列、我国的 SF 型。

铣槽机则是目前世界上最为先进的成槽机，根据动力源的不同，可分为电动和液压两种机型。铣槽机的工作原理为：以动力驱使安装在机架上的两个鼓轮（也称铣轮）向相互反向旋转来削掘岩（土）并破碎成小块，利用机架自身配置的泵吸反循环系统将钻掘出的岩（土）渣与泥浆混合物，通过铣轮中间的吸砂口抽吸出排到地面专用除砂设备进行集中处理，将泥土和岩石碎块从泥浆中分离，净化后的泥浆重新抽回槽中循环使用，如此往复，直至终孔成槽。主要设备有液压式有德国的 BC 型（法国的 HF 型、意大利的 K3 和HM 型、日本的 TBW 型等；电动式有日本的 EM、EMX 型等）。

5. 工程案例

（1）工程概况

上海中心位于上海市浦东新区陆家嘴金融中心，基地总面积约 3.04 万 m^2，主楼建筑高度 632m，地上 121 层，地下 5 层，裙楼地上 5 层，总建筑面积约 57.3 万 m^2。主楼环形基坑直径 121m，面积 1.15 万 m^2，基坑开挖深度 31m，为超深基坑。基地北侧为花园石桥路，与金茂大厦相邻；西侧为银城中路；南侧为陆家嘴环路；东侧为东泰路，与上海环球金融中心相邻，周边环境极为复杂，周边环境图如图 2-16 所示。

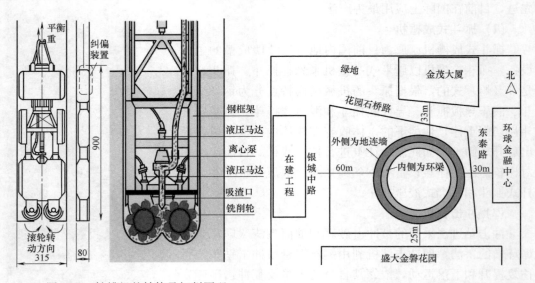

图 2-15　铣槽机的结构及切削原理　　　　　图 2-16　周边环境图

本工程位于黄浦江东岸陆家嘴区域，属于滨海平原地貌类型。场地内土层自上而下分别为：第②层褐黄～灰黄色粉质黏土，土层湿，呈可塑状态，压缩性中等，层厚较薄；第③层灰色淤泥质粉质黏土和第④层灰色淤泥质黏土均为饱和状，呈流塑状态，压缩性高等；第⑤$_{1a}$和⑤$_{1b}$层为灰色黏土，呈软塑～可塑状态，土层软弱；第⑥层暗绿色黏土呈硬塑状态，压缩性中等；第⑦层为承压含水层，分三个亚层，其中⑦$_1$层砂质粉土土质较好，压缩性中等；⑦$_2$层黄色粉砂，压缩性中等～低等；⑦$_3$层灰色粉砂，压缩性中等；场地内第⑧层粉质黏土层缺失，第⑦层与第⑨层连通；第⑨$_1$层灰色砂质粉土和第⑨$_{2-1}$层灰色粉砂呈密实状态，中间夹多亮中粗砂和砾砂。

（2）围护形式及施工工艺

根据基坑概况，围护选用环形地下连续墙，开挖深度范围内设置 6 道环箍，地下连续墙厚 1.2m，成槽深度 50m，为超深地下连续墙，共 66 幅，总成槽方量约 2.34 万 m^3。地下连续墙的混凝土强度等级为 C45，水下 C55。地下连续墙接头形式选用"V"形钢板柔性接头。

为确保地下连续墙的质量，成功采用世界先进的"抓铣结合和套铣接头"的新工艺。该施工工艺，对地下连续墙的接头处理不使用锁口管，而直接采用铣槽机铣削两侧地下连续墙混凝土，不仅能够减少锁口管、顶升架、油泵车等施工设备的投入和拼装与顶拔锁口管的施工时间，而且能够确保地下连续墙接缝的质量，有效提高地下连续墙接头处的防水能力。

本工程地下连续墙的施工工艺为通常工艺流程：导墙制作→泥浆配制→成槽→钢筋笼加工与吊装→接头处理→水下混凝土浇筑→锁口管吊装与拔除等。

（3）本工程地下连续墙施工的难点

本工程地下连续墙为超深、超大地下连续墙，实际施工中主要有以下难点：

1）地下连续墙 1.2m 厚，成槽深度 50m，地下连续墙需穿越第⑦层砂质粉土和粉砂层，该层土比贯入阻力 Ps 平均值 26.91MPa，最大值 30.49MPa，最小值 25.90MPa，地下连续墙成槽难度较大。而设计沉渣厚度要求不大于 10cm，槽底沉渣的控制难度较大。

2）地下连续墙成槽垂直度要求不大于 1/600，在超深地下连续墙施工中，高垂直度控制难度较大。

3）地下连续墙成槽厚度 1.2m，接头形式采用"V"形接头，浇筑混凝土时，如何避免给后续槽段的施工带来不利影响，也是实际工程中的一个难题。

4）本工程地下连续墙较厚，深度较深，钢筋笼重量和体积都比较庞大，如此重、大的钢筋笼采用整体吊装，对施工中吊装的施工和精度控制，以及钢筋笼的稳定性控制都是实际施工的难点。

（4）施工要点和关键技术措施

1）导墙施工

导墙是加固和固定槽口的重要措施，它具有保持土体稳定和泥浆面高程，防止槽口土体和槽内土体坍塌，为钢筋笼、混凝土导管、锁口管提供吊放和操作平台的作用，且地墙施工频繁使用大型机械，对导墙的承载能力和变形能力要求很高，因此合理选择导墙形式尤为重要。

本工程地墙深度约 50m，厚度 1.20m，因此，成槽和钢筋笼吊装均需采用超大型施工机械，当重型施工机械频繁走动于道路及导墙上时，常规使用的"⌐ ⌐"形导墙已无法满足其使用要求，故拟采用"〕〔"形导墙，如图2-17所示。

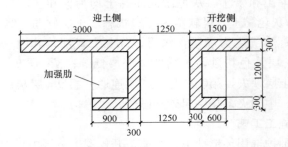

图2-17 导墙剖面示意

导墙外侧上翼缘与场内现有重型道路双层水平筋搭接焊连接形成整体，内侧上翼缘宽度1.50m，便于浇捣混凝土和顶升架提拔锁口管。导墙深度应大于杂填土深度，持力于老土层，导墙深度1.80m。

地墙接头采用φ1200mm锁口管，在50m深度范围内锁口管与混凝土的接触面积较大，克服摩阻力提升锁口管需较大吨位的顶升架，根据导墙上顶升架提供的反力为4点集中荷载，需对导墙集中荷载位置进行加强，采用顶升架4个脚的位置各设置一个厚度400mm的加强肋。

为满足地下连续墙成槽时抓斗的限位要求，导墙的转角位置应分别外放1000mm和500mm。单幅导墙制作平面图如图2-18所示。

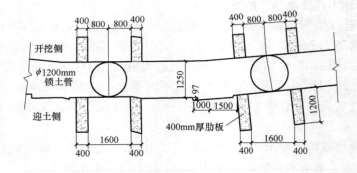

图2-18 导墙分节制作图

2）成槽施工

目前，上海地区地下连续墙施工常用的成槽工艺主要采用抓斗式成槽机和"二钻一抓"成槽的施工工艺。本工程地下连续墙施工深入⑦层内20m，而第⑦层强度较高，采用抓斗式成槽机和"二钻一抓"成槽的施工工艺很难顺利成槽，垂直度控制也无法满足要求，因此，本工程采用抓、铣结合的方式进行成槽施工。上部采用纯抓法，即上部30m土体（⑥层及以上土层），用真砂成槽机的机械式抓斗直接抓取。下部采用纯铣法，即进入30m深度以下（⑦层粉砂土）后，用液压铣槽机铣削。铣槽机可在坚硬的岩层内铣削成槽，并具有优良的自动纠偏性能，施工时按照设计槽孔偏差控制斗体和液压铣铣头下放位置，将斗体和液压铣铣头中心线对正槽孔中心线，缓慢下放斗体和液压铣铣头施工成槽。抓斗每抓 2～3 斗即旋转斗体 180°，每抓 2m 检测中心钢丝绳偏移距离，做到随时监控槽孔偏斜，以此保证槽孔垂直。每一抓到底后（到砂层），用超声波测井仪检测成槽情况，如果抓斗在抓取上部黏土层过程中出现孔斜偏大的情况，可用液压铣吊放自上而下慢铣修正孔形，但槽孔偏斜关键在抓斗抓取过程中控制。抓、铣施工工艺流程如图 2-19 所示。

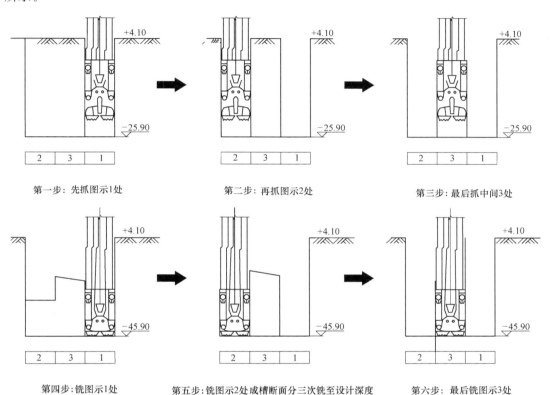

图 2-19　地下连续墙抓铣结合工法图

3）泥浆配制和槽壁稳定性控制

抓铣结合工艺需要在道路外围布置一个循环泥浆池，有效容量 1800m³。根据本工程的地质情况及以往地墙施工经验，采用 200 目钙基膨润土制备泥浆。分散剂选用工业碳酸钠，并适当添加入 CMC。泥浆配合比及性能控制指标分别参见表 2-4、表 2-5 所示。

新制泥浆配合比（质量比）　　　　　　　　　　　　　　表 2-4

钙基膨润土	CMC	NaHCO₃	其他外加剂	水
60～80	0～0.6	2.5～4	适量	1000

泥浆性能指标控制标准　　　　　　　　　　　　　　　表 2-5

泥浆性能	新制泥浆	循环泥浆	混凝土浇筑前槽内泥浆
密度（g/m³）	≤1.10	≤1.30	≤1.25
漏斗黏度（s）	19～25	20～30	20～30

泥浆性能	新制泥浆	循环泥浆	混凝土浇筑前槽内泥浆
pH 值	8～10	8～12	8～11
含砂量（%）	不要求	不要求	≤8
检测频次	1 次/d	1 次/d	1 次/槽

工程中，应根据实际试槽的施工情况，调节泥浆比重，控制在 1.18 左右，但不得大于 1.2，对每一批新制的泥浆进行泥浆的主要性能的测试，以控制槽壁的稳定性。施工过程中大型机械不得在槽段边缘频繁走动，泥浆应随着出土及时补入，保证泥浆液面在规定高度上，以防槽壁失稳。同时，控制成槽机掘进速度和铣槽进尺速度，以防止出现偏移、被卡等现象。另外，在地下连续墙外侧浅部采用水泥搅拌桩加固和止水，以保证在该范围内的槽壁稳定性。

4）槽段清基

施工中，采用液压铣槽机进行泵吸法清底。将铣削头置入孔底并保持铁轮旋转，铣头中的泥浆泵将孔底的泥浆输送至地面上的泥浆净化机，由振动筛除去大颗粒钻渣后，进入旋流器分离泥浆中的粉细砂颗粒，然后进入预沉池和循环池。经净化后的泥浆流回到槽孔内，如此循环往复，直至回浆达到标准。在清槽过程中，可根据槽内浆面和泥浆性能状况，及时加入新浆以补充和改善槽段内泥浆。

成槽清孔换浆结束前，采用钢丝刷子钻头自上而下分段刷洗槽端头墙壁。钢丝刷子钻头自身重量较轻，可用螺栓将其固定在机械式抓斗的斗体或液压铣槽机导向箱体一端，利用其较大的自重使钢丝刷子紧贴于锯齿形的混凝土表壁上，从而可对其进行彻底的刷洗，直至刷子钻头上基本不带泥屑，槽底淤积不再增加。

5）钢筋笼制作和吊装

本工程钢筋笼槽段雌头接缝处采用"V"形钢板，并于钢筋笼两侧包裹止浆帆布，单幅钢筋笼重约 90t，钢筋笼长度为 50m，采用整体制作一次吊装方法，使用 1 台 400t 履带吊和 1 台 250t 履带吊做双机抬吊，吊点布置方式为横向二点纵向七点吊。主钩起吊钢筋笼顶部，副钩起吊钢筋笼中部，多组葫芦主副钩同时工作，使钢筋笼缓慢吊离地面，并改变笼子的角度逐渐使之垂直，吊车将钢筋笼移到槽段边缘，对准槽段按设计要求位置缓缓入槽并控制其标高。钢筋笼放置到设计标高后，利用槽钢制作的扁担搁置在导墙上。

如此重、大的钢筋笼采用整体吊装，钢筋笼起吊过程中，由于各个构件的相互作用，需要对其整体稳定性进行验算，了解主要受力部件及连接点的受力和变形情况，由于钢筋笼受力相对复杂，对其解析解求解比较困难，因此采用数值分析的方法求解，使用有限元通用固体力学软件 Abaqus 进行分析，建立空间模型计算得到钢筋笼中部下沉位移最大，其最大值约 5.2mm。

通过分析，对于钢筋笼起吊的整体稳定性可以得出以下结论：钢筋笼在起吊过程中的变形似波浪形，每两个吊点之间有竖向变形，最大变形发生在中部，其值大约 5.2cm；六榀桁架中，靠近外侧的应力较大，最大约 115MPa，小于许用应力，其余部位应力较小；吊点周围钢筋应力最大，最大值约 125MPa 左右，远小于 HRB400 钢材许用应力。

6）锁口管吊装与拔除

槽段成槽完毕后，立刻吊放锁口管，由履带起重机分节吊放拼装。操作中应控制锁口管的中心与设计中心线相吻合，底部插入槽底 30～50cm，以保证与槽段土体密贴，防止混凝土倒灌，上端口与导墙处用木楔楔实来连接。另外，当锁口管吊装完毕后，还须重点检查锁口管与相邻槽段的土壁是否存在空隙，若有则应通过回填土袋来解决，以防止混凝土浇筑中所产生的侧向压力，使锁口管移位而影响相邻槽段的施工。

锁口管提拔与水下混凝土浇筑相结合，混凝土浇筑记录作为提拔锁口管时间的控制依据，根据水下混凝土凝固速度的规律及施工实践，混凝土浇筑开始拆除第一节导管后 4h 开始拨动，以后每隔 15min 提升一次，其幅度不宜大于 50～100mm，只需保证混凝土与锁口管侧面不咬合即可，待混凝土浇筑结束后 6～8h，即混凝土达到初凝后，将锁口管逐节拔出并及时清洁和疏通。

（5）工程监测及结果评价

本工程中采用了抓、铣结合的成槽工艺，经过工程实践验证，这种成槽工艺在上软下硬的土层中成槽是合理而有效的。工程中，地下连续墙的高垂直度，沉渣厚度等方面均较好的达到了设计要求，同时成槽效率也大大加快。

1）成槽垂直度均满足设计要求

经检测，已完成的地下连续墙垂直度均小于 1/600，达到了设计要求，成槽效果良好。

2）沉渣控制符合设计要求

工程中采用了专门的泥浆处理循环系统，沉渣厚度控制在平均为 40mm，均小于 100mm，满足了设计要求。循环泥浆比重平均控制在 1.18g/cm³，泥浆含砂率控制在 2％～3％，均满足设计要求。同时，专用的泥浆处理循环系统，能控制泥浆指标、槽底沉渣厚度，并提高泥浆的循环使用与回收，解决了第⑦层砂性土破坏泥浆的问题。泥浆循环系统确保了成槽的顺利进行，槽壁的稳定性得到有效的保证，各阶段的泥浆性能及沉渣厚度均符合设计要求。

3）工程中采用的"V"形钢接头形式，实践证明，该种接头在技术性和经济性都有良好的效果。钢筋笼整体吊装，钢筋笼的变形均可控制在设计要求范围内。

地下连续墙已广泛应用于建筑工程中，并不断向更大、更深的方向发展，随之带来地下连续墙施工的诸多难题，本章通过对地下连续墙的施工工艺和关键技术的总结，结合上海中心超深地下连续墙的施工技术工程实例，对超深地下连续墙施工的关键技术进行总结和研究，为超深地下连续墙的施工提供借鉴和参考。

（三）地下连续墙侧向成墙施工技术

1. 概述

地下连续墙是深基坑围护和地下结构中常见的墙体结构形式。城市的不断发展和地下空间空前的开发规模，地下连续墙的应用在世界各国得到广泛的应用。而施工机械的不断改进，促使地下连续墙技术也有很大发展，地下连续墙的深度由原来的 30m 左右，发展到 50～65m。成槽方法由原来的冲切成槽、抓土成槽，逐渐发展为"抓钻结合"、"抓铣结合"等先进的成槽工艺，这些成槽工艺的共同特点，都是垂直成槽。但在中心城区施工中，经常会碰到地下管线（尤其是大型地下管线），"垂直成槽"则无用武之地，一般只能采用管线搬迁的方法解决问题，其费用高、工期长，这就成了地下连续墙技术发展的"瓶颈"问题。为解决在大型地下管线下进行地下墙成槽成墙的技术"瓶颈"问题，借鉴日本的 SATT 工法，对地下墙成槽设备制造厂的调研，最终确定侧向成槽成墙施工工艺，并在上海外滩地下通道工程中得到成功应用。

2. 施工工艺

（1）工艺原理

侧向成槽需采用专用的侧向成槽机具，如 SJG 机具，其工作原理是：机具下部有一对相向（或相反）旋转的铣削杆，铣削杆与上部机架和一液压连杆连接。工作时铣削杆先竖直向下旋转，液压连杆拉起旋转中的铣削杆，边拉边钻，切削土体至铣削杆呈水平状后利用机具自重，旋转铣削杆切削土体至槽底。实施侧向成槽成墙的施工工艺原理是：先在管线所在槽段位的两侧采用常规的抓斗竖向成槽，形成闭合幅槽段。然后利用已成槽段下放侧向成槽机具对管线所在槽段进行侧向成槽。成槽后，吊放钢筋笼，管线下的钢筋笼的吊放采用竖向下笼侧向进档的方法，最后灌注水下混凝土形成墙体。

（2）工艺流程

侧向成墙的施工工艺流程与地下连续墙的施工工艺流程相似，不同的是成槽工艺的流程，普通地下连续墙一般采"垂直成槽"工艺，而侧向成槽则是先进行管线所在槽段两侧的地下连续墙施工，使管线段形成闭合幅；然后在管线段一侧先竖向成槽形成空腔；将导轨与接头箱连成一体，吊放导轨；将侧向成槽机具吊放入槽；在管线段中间槽段侧向成槽；最后在管线段另一侧竖向成槽形成完整、封闭的地下连续墙。具体施工流程如图 2-20 所示。

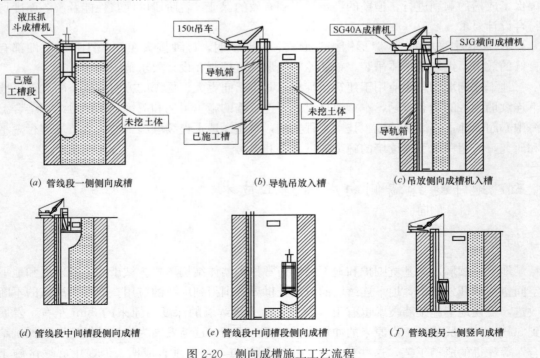

（a）管线段一侧侧向成槽　　　　（b）导轨吊放入槽　　　　（c）吊放侧向成槽机入槽

（d）管线段中间槽段侧向成槽　　（e）管线段中间槽段侧向成槽　　（f）管线段另一侧竖向成槽

图 2-20　侧向成槽施工工艺流程

3. 施工设备

侧向成槽采用专门研制的 SJG 侧向成槽机具。该机具由机架、导向架、铣削杆旋转拉杆和铣削杆等组成（图 2-21），工作时挂置在 SG40A 成槽机上，主要部件及技术参数如下：

1）成槽深度 40m。

2）成槽宽度 1000mm。

3）单侧铣削幅宽 3.0m。

4）成槽垂直度 1/300。

5）机架及动力箱参数：

a）输入功率 150kW；

b）转速 35～70rpm；

c）扭矩（25～30）×2kN·m；

d）重量 10～15t；

e）外形尺寸 950mm×1750mm×6000mm。

6）铣削装置：

a）铣削杆长度 3.0m；

b）铣削钻进速度 5.0m/h。

7）导向装置：导轨 600mm×400mm×4000mm（与地下墙接头箱匹配并连接）。

8）纠偏装置：2 组。

9）泥浆循环系统：正、反循环两种。

4. 侧向成墙的施工要点和关键技术

侧向成墙须借助 SJG 机具进行侧向成槽施工，施工有两个前提条件：

一、侧向成槽段的旁边需要一个与其同样深度的空腔，以使机具可在其中上、下铣削成槽；

二、空腔一侧壁有足够的刚度，为机具作业提供支撑及导向。

根据这一要求，确定了"液压抓斗竖向成槽，SJG 机具侧向成槽，侧向吊放钢筋笼，

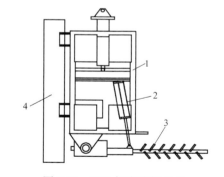

图 2-21　SJG 侧向成槽机具
1—机架；2—铣削杆旋转拉杆；3—铣削杆；4—导向架

多导管浇水下混凝土"的施工技术路线。为保证此施工技术路线的实施，必须对侧向成槽所需的导墙施工、成槽施工、钢筋笼下放、水下混凝土施工等施工要点和关键技术进行控制。

（1）导墙

与常规地墙施工不同，侧向成槽施工的导墙使用工况有以下特点：

1）由于地下管线埋设，距地面有一定深度，因而导墙深度也相应较深；

2）由于地下管线影响，管线两边的导墙是断开的；

3）成槽施工中，必须避免碰撞管线。

为此，针对以上特殊工况，采用设置封头板的深导墙形式，解决管线埋设位置的浅土保护、管线的隔离保护和导墙开口处刚度的技术问题，导墙埋置深度大于管线底面200mm，封头板高度同导墙高度。导墙形式示意图如图2-22所示。

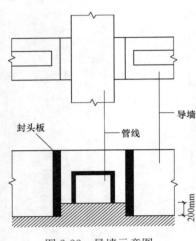

图 2-22　导墙示意图

（2）成槽

针对侧向成槽的特殊性，对成槽过程的主要工艺进行了研究，并提出了针对性的解决方案。

1）槽幅宽度的确定

侧向成槽的墙幅由两侧的竖向成槽段和中间侧向成槽段组成，槽幅宽度较一般地下墙槽段分幅宽度宽很多。如何做到既满足工艺需要，同时又尽可能减小槽幅宽度以避免施工风险，这是确定槽段宽度的基本原则。

具体计算时，竖向成槽段的槽幅宽为侧向成槽机具宽度＋导轨箱厚度＋锁口管直径，同时还须兼顾成槽机抓斗一抓的宽度；侧向成槽段的槽幅宽为管线直径（或截面宽度）＋两侧安全距离，单侧安全距离取 300～500mm。

2）闭合幅施工

侧向成槽段施工的前提是相邻槽段地下墙须先期施工形成闭合幅。因此，闭合幅与相邻地墙两侧的锁口管、结合面的施工处理十分重要。解决这一问题，必须从以下各个环节进行控制：

① 须采用刚度较好的圆形锁口管，锁口管外形须规整；

② 锁口管下放的垂直度须严格控制，下口须埋设牢固；

③ 锁口管起拔时间及过程须严格控制，保证混凝土结合面规整；

④ 锁口管重新放置时，结合面须刷壁，保证锁口管与结合面吻合。

通过以上措施，保证闭合幅锁口管与结合面的施工质量，从而保证 SJG 机具顺利下放和工作。

3）槽壁稳定控制

侧向成槽段槽幅宽度比一般的地墙槽幅宽 40％～50％，施工工序多，成槽及成槽后停歇时间比一般地墙长 50％～100％，因而槽壁稳定控制至关重要。需采取多项措施控制槽壁稳定：

① 对槽壁稳定进行计算，根据需要对槽壁两侧土体进行预加固；

② 不进行槽壁加固的，则根据槽壁稳定计算结果，适当调整泥浆指标，提高泥浆密度（新浆密度为 1.09～1.11，槽内浆密度≤1.15）和泥浆黏度（新浆黏度为 24～26s，槽内浆黏度为 26～30s）；

③ 施工中对槽壁稳定进行定时检测。

4）侧向成槽施工控制

侧向成槽施工是整个侧向成槽地下墙施工的关键，必须严格进行过程控制：

① 导轨箱安放。SJG 机具在侧向成槽中始终沿导轨上下移动，导轨箱（与锁口管连成一体）安放位置精确及垂直，是保证成槽质量的关键。安放位移和垂直度，采用双向经纬仪测校和液压千斤顶校的方法进行，位移控制精度为±20mm，垂直度为 1/500。导轨箱安放到位后，用专用夹具固定在导墙上；

② SJG 机具吊放及作业。机具机架通过企口接头与导轨箱连接，机具上下企口卡入导轨后，须上下移动检验其连接状况。为防止机具企口滑出导轨根部，导轨箱安放深度须比机具行程深度深 1～2m。SJG 机具进入槽段后，打开自动纠偏装置，对机具垂直度进行校正，使机具下部的铣削杆呈垂直状态，下放机具至铣削杆下端至导墙底部 3.5m，开始铣削。铣削时，边拉铣削杆，边旋转铣削土体，至铣削杆呈水平状态。然后铣削杆呈水平状态旋转向下铣削土体侧向成槽。成槽中，机具通过油缸进给控制下降。铣削中，观察机具悬吊钢索控制垂直度；

③ 泥浆循环系统。SJG 机具工作时，通过铣削将土体磨削成泥浆、泥渣或泥块，其须通过泥浆循环带上排放。泥浆循环采用气举反循环。铣削前，应启动泥浆循环，正常循环后才能旋转铣削杆铣削成槽。铣削中，根据铣削进尺，通过控制送气量，控制泥浆循环速度，保证铣削和槽壁稳定。铣削后，继续泥浆循环，置换槽内泥浆至达标。

（3）钢筋笼吊放

由于"管下段"钢筋笼无法直接垂直吊放，必须通过垂直吊放、侧向进档的方法，解决其钢筋笼吊放问题。为实施"垂直吊放，侧向进档"，需研究解决具体的关键技术。

一般情况下，可将钢筋笼分为 4 幅，2 幅中间幅，2 幅边幅（如图 2-23）。中间幅宽应考虑钢筋笼吊放进档时需一吊点的因素，宜大于图 2-25 所示的 a 尺寸，小于 b 的尺寸，以使吊点处于钢筋笼的重心位置。另外，钢筋笼厚度比常规的地下墙的钢筋笼小一档，如 1000mm 厚地下墙，取 800mm 厚地下墙钢筋笼厚度。钢筋笼吊放先中间幅，后边幅。中间幅吊放先两点吊，竖向吊放入槽，然后在槽口进行吊点置换，由两点吊改为一点吊（吊点须在钢筋笼重心上），再侧向移位进档。

钢筋笼侧向进档方法研究。在进行钢筋笼侧向进档方法的研究时，有两个方案：一是钢桁架辅助钢筋笼平移方案。该方案原理是成槽后通过。

（4）水下混凝土

由于槽幅宽度宽和受管线位置影响，导管无法均匀布管，因此水下混凝土灌注采用 4 根导管，中间 2 根导管在可能的情况下，尽量靠中间布管，旁边 2 根导管在余下平面位置均匀对称分布（如图 2-24）。混凝土灌注时，4 根导管的布料量应根据其服务范围均匀分配，保证各导管布料范围的混凝土面高差小于 0.5m。

5. 工程案例

（1）工程概况

上海外滩地下通道工程是上海市重点工程。该工程自新开河起，至海宁路吴淞路止，

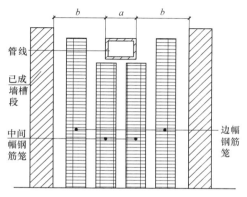

图 2-23　钢筋笼的分幅示意

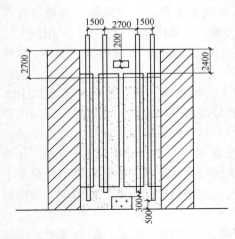

图 2-24 混凝土灌注导管分布示意

全长 3.315km。其中新开河至福州路工作井段，采用地下连续墙围护明开挖施工。地下连续墙墙厚为 600、800、1000 和 1200mm，墙深为 23～48.15m。在该施工段内，有一条东西横穿通道（即穿过两侧地下墙）的 220kV 封油电缆的地下钢筋混凝土电缆箱涵，箱涵宽为 1.8m，高为 0.7m，自地面至箱涵顶埋深为 1.2m。箱涵内置 2 组 220kV 电缆，呈 21 孔布置。电缆箱涵横穿部位深基坑，地下连续墙围护结构和支撑体系的稳定性、止水特性等直接关系到电缆的安全。电缆与通道围护结构平面关系见图 2-25 所示。

该箱涵若搬迁则费用昂贵，对工期影响较大，工程建设方不希望采取搬迁方法解决问题，为此，对箱涵所在位置的地下连续墙施工进行了研究。先期提出的施工方法是，箱涵断面两侧采用高压旋喷摆喷形成止水帷幕，采用两侧斜向成槽形成地下连续墙挡土围护。但此方法的可行性和止水帷幕、围护墙成形存在不确定性，且在黄浦江畔，土层砂性重，动水位影响大，实施风险极大。经大量的分析和研究，最终确定了侧向成槽地下连续墙施工工艺。

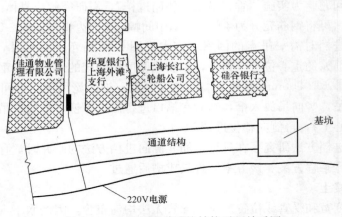

图 2-25 电缆与通道围护结构平面关系图

（2）工程施工的难点

外滩地道工程地处上海核心区域，是上海的商业、旅游中心，沿线大型公用管线密布，同时工程毗邻黄浦江，因此，施工受周边历史建筑、大型生命管线、地下水的影响极大，深基坑施工风险极高。

1）施工场区内分布有砂性较重的江滩土层，地层渗透性高，动水压作用下稳定性差，围护结构施工难度高。

2）杂填土层较厚，土层内富存隐蔽水力通道，基坑开挖期间的渗漏风险高。根据前期规划公用管线施工期间的实践经验，部分区段开挖深度不足 2m 即发生严重江水回灌现象。

3）基坑沿线分布有历史建筑保护群，对基坑的变形和稳定有着苛刻要求。

4）大型电缆横穿基坑，围护结构施工困难，常规方法无法保证围护结构的整体性和抗渗漏性。

为实现电缆箱涵下地下连续墙围护结构的封闭，采用地下连续墙侧向成墙特种施工技术。试验段地下连续墙墙厚 1000mm，电缆箱涵以现浇同尺寸混凝土构件模拟。围护结构设计深度 30.4m，需要特种成槽段地墙深度根据施工设备安装需求加深至 32.4m。

（3）施工要点和关键技术

1）槽壁加固。特种成槽涉及工序多，施工周期长，宽度较常规槽段宽，为确保成槽过程中槽壁稳定，正式成槽前对槽壁两侧进行预加固。考虑到横穿槽段的障碍物影响，加固采用大直径旋喷或摆喷桩，桩间搭接量≥200mm，加固深度为坑底以下 3m。

2）泥浆制备。泥浆是平衡地层压力、维持槽壁稳定的重要措施。考虑到特种成槽槽段暴露时间较长的特点，施工中须配置专用泥浆，以结合槽壁加固实现槽壁的稳定性控制。泥浆参数如表 2-6 所示。

泥浆的参数   表 2-6

项目名称	性能指标	项目名称	性能指标
相对密度	1.09～1.11	pH 值	>7
黏度/s	22～24	含砂率/%	<2

3）成槽施工。分为两个阶段，第一阶段进行安放特种成槽机具导轨的小幅槽段施工，第二阶段进行障碍物下地下连续墙槽段成槽施工。小幅槽段采用常规成槽机，形成先导空间后，在小幅槽段内安放定向导轨、吊放特种成槽机具，沿定向导轨进行障碍物下槽段定向铣削成槽。成槽过程如图 2-26 所示。

4）钢筋笼吊放。考虑到钢筋笼吊放和移位到障碍物下的需要，将整幅槽段的钢筋笼分为 4 幅小钢筋笼，最终组合成整幅钢筋笼。为确保钢筋笼顺利偏移就位，特种成槽段地下连续墙采用薄壁钢筋笼。钢筋笼均按照小一档的规格进行制作，使槽壁与钢筋笼之间留置足够的空间，避免钢筋笼偏移过程中刮卡槽壁。各幅小钢筋笼间设置定型钢连接件，以备开挖期间应急处置。钢筋笼吊放如图 2-27 所示。

5）地下连续墙多导管混凝土浇捣。由于槽段宽度较宽，且障碍物下区域无法安放导管，故根据钢筋笼分幅和内置桁架位置，特种成槽的地下连续墙段中共设置 4 根导管进行同时灌注。灌注时，首先浇捣安放定向滑轨的两侧导管（挖深较特种成槽幅深 2m）进行预浇灌量，然后同时浇筑 4 根导管。正常浇灌过程中，浇筑顺

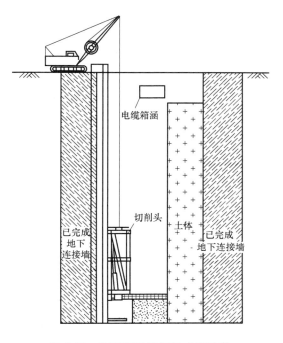

图 2-26　地下连续墙侧向成槽示意

序应根据混凝土液面的高低动态调整，控制槽段内混凝土液面呈两边低中间略高状。

（4）施工效果和质量验收

工程实践表明，侧向成墙施工工艺形成的基坑围护结构封闭好、整体性强、抗渗漏能力好，且基坑开挖施工风险较低；基坑围护结构施工过程中保证了既有管线的正常运营，对既有市政设施影响小；避免了管线搬迁，施工工期短、成本低。侧向成墙，地下连续墙垂直度、沉渣等技术要求均能符合规范设计要求。

地下连续墙侧向成槽成墙施工技术，解决了在地下管线穿越地下墙墙体情况下，地下连续墙成墙的瓶颈问题，为城市地下空间开发提供了一种新的技术手段，取得了良好的社会和经济效益。

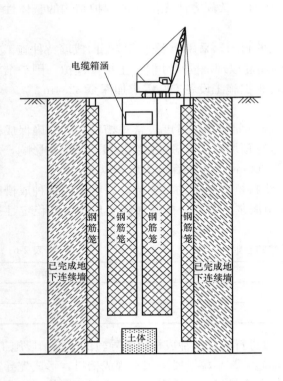

图 2-27　钢筋笼吊放示意

侧向成墙施工工艺是在地下连续墙传统施工技术的基础上演变出来的一种新工艺，城市的不断发展，使地下空间围护的施工空间不断压缩，地下连续墙碰到地下管线将会在实际工程中经常遇到，当城市建设遇到地下管线或重要地下保护对象时，地下管线或重要地下保护对象不便搬迁时采用，基坑围护结构施工过程中既保证了既有管线的正常运营，对既有市政设施影响小，又避免了管线搬迁，同时，施工工期短、成本低，有效地解决了地下连续墙垂直成槽的"瓶颈"问题。

侧向成墙施工工艺是一种特殊的施工工艺，施工过程中应对施工的要点和关键技术进行控制，以保证地下连续墙的整体性、封闭性以及垂直度、沉渣厚度的要求。本章以外滩地下通道工程实例为依据，对侧向成墙技术的施工工艺和关键技术进行总结，为类似地下连续墙的施工提供参考。

思　考　题

1. 简述 TRD 工法的工艺原理，并具体阐述其施工流程。
2. 超深地下连续墙的施工要点和关键技术。
3. 地下连续墙常用的成槽工艺及适用范围。
4. 泥浆在超深地下连续墙施工中的作用。
5. 侧向成墙的工艺原理。
6. 侧向成墙槽壁稳定性的控制方法。

三、深基坑逆作法施工技术

（一）概述

1. 发展背景

随着我国经济的不断飞速发展，城市规模得到了巨大的扩张，这表现在人口的激增和城市基础设施的不断更新。然而，在城市土地资源紧缺的情况下，人口的大量增长和基础设施相对滞后成了城市发展道路上的一个矛盾。世界城市化的发展进程中，各国都意识到保护耕地，制止城市无限制地占用耕地，这就要求人们在城市开发特别是城市中心地区的开发中要充分利用空间资源，对城市中心地区建筑物的占地面积实施严格的控制。因此，建筑物向高空方向发展已成为当今城市建设取得综合经济效益的主要指标之一，坐落在上海市陆家嘴的上海市环球金融中心（高 492m），金茂大厦（420.5m），上海中心大厦（632m），俨然成为这片金融贸易区的地标建筑。除此之外，开发地下空间也日益被人们所接受和重视，上海地区地铁工程、地下变电站、地下商场工程、地下停车库等的大力开发就是一个佐证。开发和利用地下空间，首要进行的就是大规模的土方开挖。在有限的场地条件下进行开挖就必须保障周围建筑、管线、道路及地下结构的安全。随着地下工程的建设发展，深基坑支护体系的设计计算和施工方法也在不断地更新和完善。

深基坑支护结构和地下工程施工可以分成顺作法（敞开式开挖）和逆作法施工两种。传统的施工多层地下室的方法是敞开式开挖施工。由于其施工速度快，在场地条件和环境保护要求较为宽松的情况下一般都被采用。在空旷地区或者地质条件较好的地区开挖浅基坑，可以不用设置支护结构，采用放坡大开挖的方式。在一般情况下，深基坑支护施工过程中，需要先进行支护结构，如板桩、灌注桩、SMW 挡墙等的施工；然后进行基坑土方的开挖，边挖边施工支撑，直至基底设计标高，然后从下而上逐层施工地下结构，待地下结构完成之后，再逐层进行地上结构的施工。但是，随着城市用地的不断紧缩、施工场地局促以及开挖深度的增加等情况的出现，顺作法明显显现出其不足和问题。例如，在有三层以上地下室结构的超深基坑施工中，采用顺作法施工地下结构的施工工期过长，许多高层建筑项目中，地下结构的施工工期占了总工期的 1/4～1/3；在一些繁华区域，几乎不可能提供额外的施工场地；无法实现地上结构与地下结构同步施工。此外，由于基坑很深，支护结构的挡墙长度很大，费用大大增加，尤其是基坑内部支护结构的支撑用量大，一方面需用大量大规格的钢材，另一方面也增加了地下结构施工的难度；其次如用井点设备降低地下水时，水位的降低会引起土体固结，使周围地面产生沉降，如不采取特殊措施，亦会危及基坑附近的建筑物、地下管线和道路。深基坑的开挖，基坑的变形和周围地面的沉降是施工中亟待解决的问题。

　　为了解决这样的问题，我国工程技术人员参照国外先进的施工经验，引进了逆作法施工技术。逆作法施工和顺作法施工顺序相反，在支护结构及工程桩完成后，并不是进行土方开挖，而是直接施工地下结构的顶板或者开挖一定深度再进行地下结构的顶板、中间柱的施工，然后再依次逐层向下进行各层的挖土，并交错逐层进行各层楼板的施工，每次均在完成一层楼板施工后才进行下层土方的开挖。上部结构的施工可以在地下结构完工之后进行，也可以在下部结构施工的同时从地面向上进行，上部结构施工的时间和高度可以通过整体结构的施工工况（特别是计算地下结构以及基础受力）来确定。

2. 发展历程

　　逆作法（逆筑法）在西方一些国家称之为 up-down method，意思是指从上往下施工的方法。在日本称之为逆打工法（Slab substitute shore，简称 sss 法，意思是指用楼板代替支撑的方法），在我国铁路系统又称之为盖挖法。这种工法最早在意大利米兰得以首次使用，当时是在马路下施工地下连续墙，另一半马路仍旧通车，一边地下连续墙做好了之后，再做另一边墙。连续墙施工完毕之后，利用半夜时间，打开一小段马路，进行挖土运土，接着在地下墙上架设析架，上铺临时路面。在析架下浇筑顶板，然后设置支撑，继续挖土，直至浇好底板。这种米兰做法为逆作法施工的先驱。

(1) 国外发展历程

　　1935 年日本首次提出逆作法工艺的概念，随后运用于日本东京都千代田区第一生命保险相互会社本社大厦工程。1950 年，意大利米兰的 ICOS 公司首先开发了排桩式地下连续墙，随后又创造了两钻一抓的地下连续墙施工方法。地下连续墙的开发成功为地下工程提供了良好的挡土墙与止水结构，使逆作法在地下水位以下施工成为可能。不久，米兰地区就首次利用地下墙作围护进行过街地道的盖挖逆作法施工。20 世纪 60 年代以后，低振动、低噪声的机械被开发利用，如贝诺特挖掘机、钻孔挖掘机、并引入反循环工法等。机械化施工在各方面成为主流，机械的进步促进了逆作法在更大范围内推广。美国纽约芝加哥水塔大厦、法国巴黎拉弗埃特百货大楼、德国德意志联邦银行大楼都是采用逆作法施工。其中美国芝加哥水塔大厦地上 74 层，地下 4 层，采用 18m 深的地下连续墙和 144 根大直径套管钻孔扩底桩共同作用，并用逆作法施工，使地下结构和上部结构的施工可以同时立体交叉进行，从而使整个工程的工期缩短。70 年代以后，由于打桩机的发展使支承立柱的施工精度大大提高，逆作法最明显的特征表现在逆作结构起到了承担结构本体重量的作用，逆作法所需要的临时支承立柱费用大幅度降低，逆作法受到越来越多国家的工程师的青睐。在日本、美国、德国、韩国、新加坡、我国的台湾、香港地区都有关于应用逆作法工程实例的报道。在日本，据统计在 1994 年新建的高层建筑中，地下结构有 18.2% 采用逆作法施工。国外典型的工程有：世界上最大的地下街是日本东京八重洲地下商业街，共三层，建筑面积 7 万 m²；最深的地下街是莫斯科切尔坦沃住宅小区地下商业街，深达 70～100m；最大的地下娱乐建筑是芬兰 Varissu 市地下娱乐中心，战时可掩蔽 1.1 万人；最大的地下体育中心是挪威奥斯陆市 A 区地下体育中心，战时可掩蔽 7500 人；最深的地下综合体是德国慕尼黑卡尔斯广场综合体，共分六层，一层为人行道和商业区，二层为仓库和地铁站厅，三层、四层为停车场，五层、六层为地铁站台和铁道。日本的读卖新闻社大楼，地上 9 层、地下 6 层。采用逆作法施工，总工期只用 22 个月，与日本传统施工方法施工类似工程相比，缩短工期 6 个月。英国伦敦 Aldersgate Street base-ment 工程，地上 8 层，地下 7 层，平面尺寸 60m×40m，基坑深 21～22m。用逆作法进行施工，采用厚 1m、深 30m 的地下连续墙和压入型钢中间支承柱。美国芝加哥水塔广场大厦，75 层，高 203m，4 层地下室，用 18m 深地下连续墙和 144 根大直径灌注桩作为中间支承柱，用逆作法进行施工，上部结构与地下室同步施工，当该地下室结构全部完成时，主楼上部结构已施工至 32 层。法国巴黎的拉弗埃特百货大楼的六层地下室，亦用逆作法施工，总工期缩短 1/3。另外在地铁车站施工方面，如 20 世纪 50 年代末意大利米兰地铁站首次采用逆作法以来，欧洲、日本等许多地铁车站采用这种方法建造，1965～1989 年德国慕尼黑地铁共建车站 57 座，其中采用逆作法施工的就有 20 座。

（2）我国发展历程

我国逆作法的推行和发展受日本类似工程的影响较大，早在 1955 年哈尔滨地下人防工程中就首次提出应用逆作法施工技术，并且从此开始了不断的探索、试验、研究和工程实践。从 1976 年开始，上海比较系统地研究地下连续墙在工业与民用建筑的地下工程中的应用。上海也是国内研究应用逆作法施工技术最早的城市。上海基础公司科研楼是第一次在我国采用全逆作施工技术并取得成功的建筑物。上海电信大楼三层地下室结构首次采用了敞开式半逆作法施工技术，将基坑临时结构与永久性结构相结合，既节约了投资，又减少了工序从而缩短工期。20 世纪 90 年代，随着我国高层建筑的发展与地铁工程的大规模建设，地下工程逆作法的应用逐渐在全国推广开来。1993 年上海地铁一号线陕西南路、常熟路、黄陂南路三个地铁车站主体工程采用"一明二暗"盖挖法施工，这是我国第一次在地铁车站建设中采用逆作法施工技术，施工面积缩小了一半，减少动拆迁近，比顺作法提前一年半恢复路面和车站两侧的商业活动。1995 年广州好世界广场大厦采用全逆作法施工，立柱桩采用人工挖孔桩加钢管混凝土柱，在地下 3 层施工结束时，上部结构施工到 29 层，缩短工期 6 个月，这也是广州第一次采用全逆作法的工程。1996 年福州新世纪大厦采用半逆作法施工，该工程创造了目前国内地下开挖层数最多的工程，地下 6 层，开挖深度 25.2m。1997 年天津开发区东海路雨水泵站采用边向下挖土边逆作泵房井壁法施工，该工程是天津市超大规模的雨水泵站，也是我国第一次在市政工程建设中采用逆作法技术。1999 年上海城市规划展示馆采用逆作法施工，这是我国第一个采用逆作法的钢结构工程，地下 2 层，地上 4 层同时完成，缩短工期 3 个月。深圳赛格广场地上 70 层，地下 4 层，开挖深度 19.95m，是我国第一个采用钢筋混凝土组合结构的逆作法工程，缩短工期 6 个月，地下墙的最大变形为 21mm。另外，北京、杭州、厦门、海口、沈阳、哈尔滨、重庆等地也有大量工程采用逆作法施工。上海和广州根据当地及周边省市的施工经验总结编制了逆作法施工工法；地下建（构）筑物逆作法施工工法（YJGF02-96）和广州市地下室逆作法施工工法（YJGF07-98）规范了逆作法工程的施工，标志了我国逆作法施工技术的应用开始走向成熟。

3. 逆作法的分类及特点

（1）逆作法的分类

按结构是否封闭分类可分为封闭式逆作法（全逆作法）、开敞式逆作法（半逆作法）以及介于封闭式与开敞式之间的半开敞式逆作法。从理论上说，开敞式逆作法（半逆作法）上部结构不能与地下结构同时进行施工，只是地下结构自上而下逐层施工，待地下结构施工完后，再进行地面以上结构施工。

目前逆作法施工技术主要有以下几种：

1）全逆作法：指施工好分界楼板（±0.000 板，地下 1 层楼板或地下 2 层楼板）后，向下开挖，进行地下结构的施工，同时向上进行上部结构的施工。全逆作法是最能体现逆作法优点的施工方法，也是我国在高层建筑逆作法施工中用得最多的方法。

2）半逆作法：指施工过程中从分界楼板底层向下开挖，由上而下逐层进行地下结构施工，而不向上进行上部结构的施工。半逆作法特别适用于顶板行车、行人或堆场有要求的工程，可以提前恢复路面交通和使工程旁商店提前恢复营业，目前多用于市政建设的地铁工程、城市绿化工程、地下广场工程等。利用地下各层钢筋混凝土肋形楼板中先浇筑的交叉格形肋梁，对围护结构形成框架格式水平支撑，待土方开挖完成后再二次浇筑肋形楼板。

3）部分逆作法：指施工过程中部分采用逆作法，部分采用顺作法，顺逆结合可以使顺作法和逆作法发挥各自的优势。目前采用过的两种形式有：中筒顺作，周边楼体逆作（即"中顺边逆"）；主楼顺作，裙房逆作。"中顺边逆"半逆作法施工是利用基坑内四周暂时保留的局部土方对四周围护结构形成水平抵挡，抵消侧向土压力所产生的一部分位移。在基坑中部按正作法施工，基坑边四周结构用逆作法施工。

4）分层逆作法：此法主要对四周围护结构是采用分层逆作，而非一次整体施工完成。分层逆作法四周的围护结构主要采用土钉墙，采用这种逆作法施工造价较低，施工速度快，但是只能用于土质较好的地区，基坑开挖深度不宜过大。根据支承柱的多少又可以分为一柱一桩逆作法和一柱多桩逆作法施工。

（2）逆作法的特点

与传统的顺作施工方法相比较，用逆作法施工高层建筑多层地下室或地下结构有下述技术特点：

1）缩短工程施工的总工期

顺作法基坑施工其施工工序是逐层交接，即支撑安装、挖土、地下结构施工、拆除支撑需逐层施工，而上部结构施工需按部就班在地下结构完成后进行，各工序之间无法同步施工，工序较多；逆作法基坑施工上部和下部结构可平行搭接，立体施工。而且以结构楼板代替支撑，无须支撑拆除，减少了施工工序。逆作法施工对越深的基坑，缩短的总工期越显著。上海明天广场从 1997 年 4 月 22 日开始挖土到 1997 年 11 月底基础底板完成，裙房上部结构已完成 4 层（结构封顶），总工期仅为 7 个月（其中包括法定节假日和其他无法施工的时间），这样的施工速度对顺作法来说是难以实现的。与类似工程相比，采用顺作法施工的施工周期一般需要一年。日本读卖新闻社大楼地上 9 层，地下 6 层，用封闭式逆作法施工，总工期只用了 22 个月，比传统施工方法缩短工期 6 个月。

2）基坑变形小，减少深基坑施工对周围环境的影响

逆作法施工利用地下室水平结构作为周围支护结构地下连续墙的内部支撑。由于地下室水平结构与临时支撑相比刚度大得多，所以地下连续墙在水土压力作用下的变形小得多。此外，由于中间支承柱的存在使底板增加了支点，与无中间支承柱的情况相比，坑底的隆起明显减少。因此，逆作法施工能减少基坑变形，使相邻的建（构）筑物、道路和地下管线等的沉降和变形得到控制，以保证其在施工期间的正常使用。上海廖创兴金融中心

大厦开挖深度 28.4m，基坑侧壁的变形仅 21mm，这在一般顺作基坑很难达到。上海世博500kV 输电站工程开挖深度 35.4m，基坑侧壁的变形仅为 47mm。另外，逆作施工实现了顶板的封闭，可有效减少施工噪声与扬尘污染，防止施工造成的城市环境污染。

3）降低工程能耗，节约资源

逆作法与常规基坑施工相比，采用的是"以桩代柱"、"以板代撑"、"以围护墙代结构墙"，省去了临时结构，节约大量材料与人力。多层地下室采用常规的临时支护结构施工，地下室外墙下一般要求设置工程桩，并采用强大的内部支撑或外部拉锚，不但需消耗大量材料和人工，施工费用也相当可观。在逆作法施工中，土方开挖后是利用地下室自身来支撑作为支护结构的地下连续墙，因而省去了支护结构的临时支撑，这样做法的另外一个好处是不需要拆除内支撑和废弃材料的外运，避免了环境的污染；同时地下连续墙既作基坑开挖挡土止水的结构，又与内衬墙组成复合结构作为地下室永久承重外墙（两墙合一），材料得到充分的利用，还可以利用地下连续墙承受地下结构和上部结构的垂直荷载。所以，采用"两墙合一"的逆作法施工可省去地下室外墙及外墙下工程桩，可节省这部分结构总造价的 1/3 左右。此外，两墙合一形成了结构自防水，还可以降低地下室外墙建筑防水层的费用。

4）现场作业环境更加合理

逆作法可以利用逆作顶板优先施工的有利条件，在顶板上进行施工场地的有序布置，解决狭小场地施工安排，满足文明施工要求。另外下部基坑施工在一相对封闭的环境下，施工受气候影响小。

5）对设计人员和施工队伍的专业素质要求高

与顺作法比较，设计人员在设计伊始就必须综合考虑临时结构体系的支撑围护系统与永久结构的关系。利用永久结构的支撑围护体系的设计必须同时满足支护结构的受力要求和永久结构的使用要求，逆作法节点的设计也必须同时满足施工阶段和使用阶段的要求。而对于施工单位来说，由于逆作法施工技术要求高，必须掌握相关的核心技术，如逆作法支撑柱的垂直度调整技术（逆作法支撑柱的垂直度要求达到 1/300 以上，有的设计要求达到 1/500）；钢管混凝土柱和柱下桩的混凝土浇捣技术；逆作法施工节点的处理技术；竖向结构的钢筋绑扎和混凝土逆作浇捣技术；逆作法时空效应挖土技术、逆作法不均匀沉降控制技术等，这些核心技术一旦控制不好，往往会导致工程事故，甚至造成施工失败。

6）基坑整体性更好

将基坑施工期间楼面恒载和施工荷载等通过中间支承柱传入基坑底部，压缩土体，可减少土方开挖后的基坑隆起。同时中间支承柱作为底板的支点，使底板内力减小，而且无抗浮问题存在，底板设计更趋合理。

对于具有多层地下室的高层建筑采用逆作法施工虽有上述一系列优点，但逆作法施工和传统的顺作法相比，亦存在一些问题，主要表现在以下几方面：

① 由于挖土是在顶部封闭状态下进行，基坑中还分布有一定数量的中间支承柱（亦称中柱桩）和降水用井点管，使挖土的难度增大，在目前尚缺乏小型、灵活、高效的小型挖土机械情况下，多利用人工开挖和运输，虽然费用并不高，但机械化程度较低。

② 逆作法用地下室楼盖作为水平支撑，支撑位置受地下室层高的限制，无法调整。如遇较大层高的地下室，有时需另设临时水平支撑或加大围护墙的断面及配筋。

③ 逆作法施工需设中间支承柱，作为地下室楼盖的中间支承点，承受结构自重和施工荷载。如数量过多施工不便。在软土地区由于单桩承载力低，数量少会使底板封底之前上部结构允许施工的高度受限制，不能有力地缩短总工期，如加设临时钢立柱，则会提高施工费用。

④ 对地下连续墙、中间支承柱与底板和楼盖的连接节点需进行特殊处理。在设计方面尚需研究减少地下连续墙（其下无桩）和底板（软土地区其下皆有桩）的沉降差异。

⑤ 在地下封闭的工作面内施工，安全上要求使用低于 36V 的低电压，为此则需要特殊机械。有时还需增设一些垂直运输土方和材料设备的专用设备。还需增设地下施工需要的通风、照明设备。

（二） 逆作法的方案选择

逆作法的方案选择是主体结构与基坑支护相互结合、设计与施工相互配合协调的过程。除了常规顺作法基坑工程需要的基础条件外，在逆作法方案选择前还需要明确一些必要的基础条件。首先，需要了解主体结构资料；其次，需要明确是否采用上下同步施工的全逆作法设计方案；最后，应该确定逆作首层结构梁板的施工位置，提出具体的施工行车路线、荷载安排以及出土口的布置等。

在基础条件明确后，可以开展逆作法的具体选型工作。逆作法的基坑工程选型对象主要分为以下三个部分：周边围护结构、逆作阶段的水平结构体系以及竖向支承体系。基坑周边围护结构应结合基坑开挖深度、周边环境条件、内部支撑条件以及工程经济型和施工可行性等因素综合选型确定；水平结构体系本身就是主体结构的一部分，其选型就是支护设计和主体设计紧密结合的一个综合过程；竖向支承体系的选型包括平面布置、构造选择、立柱与立柱桩的连接节点等。而竖向支承系统是整个逆作法实施期间的关键构件，因此需严加控制确保其安全。

1. 周边围护结构选型

周边围护结构与水平支撑共同形成完整的基坑支护体系。目前国内逆作法常见的周边围护结构设计形式包括地下连续墙、灌注排桩结合止水帷幕、咬合桩和型钢水泥土搅拌墙等。从围护结构与主体结构的结合程度来看，周边围护结构可以分为两种类型。一类是采用"两墙合一"设计的地下连续墙，另一类则是临时性的围护结构。"两墙合一"的地下连续墙在基坑开挖阶段即可作为围护结构，又可在正常使用阶段作为地下室结构外墙或地下室结构外墙的一部分。

（1）"两墙合一"地下连续墙的特点

"两墙合一"的地下连续墙是指在基坑开挖阶段即可作为围护结构，又可在正常使用阶段作为地下室结构外墙或地下室结构外墙的一部分墙体，其具有以下特点：

1）有利于对周边环境的保护。地下连续墙施工具有低噪声、低振动等优点。基坑开挖过程中安全性较高，由于地下连续墙刚度大、整体性好，基坑开挖过程中支护结构变形较小，从而对基坑周边的环境影响小。地下连续墙具有良好的抗渗能力，根据目前成熟的施工工艺，槽段与槽段连接夹砂少，连接整体性强且防渗效果好，因而基坑挖土施工时周边渗漏情况比一般围护形式少，坑内降水时对坑外的影响较小。

2）可用"两墙合一"形式施工方便，经济性好。"两墙合一"大大节省了地下室结构外墙工程量，而且由于结构外墙的位置不需要设置施工操作空间，可减少直接土方开挖量，并且无须再施工换撑板带和进行回填土工作，经济效益相当之明显。

3）竖向承载力强。地下连续墙承载力强，有利于协调与主体结构的沉降。结合主体设计的需要，上部结构可以直接设置在地下连续墙上方，通过对地下连续墙的设计计算满足其竖向承载力和沉降控制要求。

（2）地下连续墙的细部构造

1）地下连续墙与主体结构的连接

地下连续墙与主体结构的连接主要涉及以下几个位置：压顶梁、地下室各层结构梁板、基础底板、周边结构壁柱。

① 地下连续墙与压顶梁的连接

地下连续墙顶出于施工泛浆高度、减少设备管道穿越地下连续墙等因素需要适当落地，地下连续墙顶部需要设置一道贯通的压顶梁，墙体顶部纵向钢筋锚入到压顶梁中。墙顶设置防水构造措施。考虑到压顶梁还需跟主体结构侧墙或首层结构梁板进行连接，因此需要留设相应的锚固和构造措施。

② 地下连续墙与地下室各层结构梁板的连接

地下连续墙与地下室各层结构梁板的连接方式较多，可以通过预留插筋、接驳器、预埋抗剪件等通过锚入、接驳、焊接等方式进行连接。根据主体结构与地下连续墙的连接要求确定具体的连接方式。为了提高地下连续墙的整体性，加强地下连续墙与主体结构的连接，各层结构梁板在周边宜设置环梁，预埋件的连接件可以通过锚入环梁的方式达到与主体结构连接的目的。

③ 地下连续墙与基础底板的连接

一般情况下，基础底板是与地下连续墙连接要求最高的部位。在顺作法施工的地下结构中，基础底板与侧墙连接位置都是一次浇筑、刚性连接。在逆作法的基坑工程中，基础底板的钢筋常常需要锚入到地下连续墙内，以加强连接刚度，因此地下连续墙内需要按照底板配筋的规格和间距留设钢筋接驳器，待基坑开挖后与底板主筋进行连接。底板厚度较大时，也需要在底板内设置加强环梁（暗梁），地下连续墙内留设预留钢筋，待开挖后锚入环梁。

④ 地下连续墙与结构壁柱的连接

地下连续墙的接头部位是连接和止水的薄弱点，尤其是采用柔性接头进行连接时，接头区域均为混凝土，二次浇注的密实度难以保证，连接刚度十分不理想，在槽段接头位置结构壁柱是弥补这一缺陷的有效办法。在地下连续墙槽幅分缝位置设置结构壁柱，壁柱通过预先在地下连续墙内预留的钢筋与地下连续墙形成整体连接，既增强了地下连续墙的整体性，也减少了墙段接缝位置漏浆的可能性。

2）地下连续墙的防水设计

"两墙合一"的地下连续墙作为主体结构的一部分，除了满足其受力要求外，也要满足止水要求。在采用复合墙的基坑工程中，可以采用防水毯的做法进行全包防水；采用分离墙或叠合墙时，可以采用与顺作法相同的方式进行防水设计。但在采用单一墙时，地下连续墙需要进行专门的防水设计。地下连续墙的止水要点主要集中在压顶梁、槽段接头盒基础底板三个部位。主要混凝土的先后浇筑，分缝在所难免，所以接缝也是防水设计的重要部位。

① 地下连续墙与压顶梁的连接位置的防水

地下连续墙与压顶梁连接位置可以采用开凿剪力槽的方式，增加渗流路径，同时在剪力槽内留设柔性止水条封闭渗漏通道，从而达到防水的目的。压顶梁与结构侧墙连接的位置如需分次浇筑，也可以在施工中设置局部突起及刚性止水片来加强防水。在逆作法的基坑工程中，可以通过压顶梁与首层结构梁板同时浇筑的方式减少一道分缝，减少发生渗漏的可能。

② 地下连续墙的槽段接头位置的防水

由于地下连续墙自身施工工艺的特点，其施工是分段进行的，因此地下连续墙墙幅与墙幅之间接头位置是防渗漏的关键。针对这个特点，在地下连续墙接缝位置可以采取坑外封堵、坑内采取封堵与疏排相结合等措施增强接头位置的抗渗性能。

③ 地下连续墙与基础底板的连接位置

在深基础工程中，基础底板埋深较大，在强大的水压力作用下，地下连续墙与基础底板接缝处易出现渗漏现象，因此地下连续墙与基础底板连接部位必须采用可靠地止水措施。在浇筑基础底板时，可在地下连续墙与底板接触面位置设置遇水膨胀橡胶止水条。

3）提高地下连续墙竖向承载能力的措施

为确保地下连续墙竖向承载力的发挥，可采取以下技术措施：

① 地下连续墙长度适当增加，将地下连续墙底置于较好的持力层，根据工程土层的实际分布情况，墙底选择进入相对稳定土层，以提供较好的端承力；

② 对地下连续墙墙端采取墙底注浆加固，这一技术措施在减少地下连续墙绝对沉降量的同时，还可以大幅度提高地下连续墙的竖向承载能力；

③ 在地下连续墙的竖向承载力差异较大或需要多幅地下连续墙共同承担竖向荷载时，地下连续墙槽段间还可采用"十"字钢板或"王"字钢板等刚性接头，这种接头可使相邻地下连续墙槽段连成整体以共同承担上部结构的垂直荷载，且可协调地下连续墙槽段间的不均匀沉降。

2. 水平结构与支护结构相结合

水平结构构件与支护结构相结合系利用地下结构的梁板等内部水平构件兼作为基坑工程施工阶段的水平支撑系统的设计施工方法。水平结构构件与支护结构的相结合具有多方面的优点，主要体现在两个方面：一方面可利用地下结构梁板具有平面内巨大结构刚度的特点，可有效控制基坑开挖阶段围护体的变形，保护周边的环境，因此，该设计方法在有严格环境保护要求的基坑工程得到了广泛的应用；另一方面，还可节省大量的临时支撑的设置和拆除，对节约社会资源具有显著的意义，同时可避免由于大量临时支撑的设置和拆除，而导致围护体的二次受力和二次变形对周边环境以及地下结构带来的不利影响。另外，随着逆作挖土技术水平的提高，该设计方法对缩短地下室的施工工期也有重大的意义。

在地下结构梁板等水平构件与基坑内支撑系统相结合时，结构楼板可采用多种结构体系，工程中采用较多的为梁板结构体系和无梁楼盖结构体系。

3. 竖向支撑系统

逆作施工过程中，地下结构的梁板和逆作阶段需向上施工的上部结构竖向荷载均需由竖向支承系统承担，其作用相当于主体结构使用阶段地下室的结构柱和剪力墙，即在基坑逆作开挖实施阶段，承受已浇筑的主体结构梁板自重和施工超载等荷载。在地下室底板浇筑完成、逆作阶段结束以后，与底板连接成整体，作为地下室结构的一部分，将上部结构荷载传递给地基。

（1）支承立柱与立柱桩的结构形式

逆作法竖向支承系统通常采用钢立柱插入立柱桩基桩的形式。由于逆作阶段结构梁板的自重相当大，钢立柱较多采用承载力较高而截面相对较小的角钢拼接格构柱或钢管混凝土柱。考虑到基坑支护体系工程量的节省并根据主体结构体系的具体情况，竖向支承系统钢立柱和立柱桩一般尽量采用设置于主体结构柱位置，并利用结构柱下工程桩作为立柱桩，钢立柱则在基坑逆作阶段结束后外包混凝土形成主体结构柱。

在逆作法中竖向支承立柱和立柱桩主要作用是支承结构梁板和上部结构，因此支承立柱和立柱桩的布置主要是结合结构柱和剪力墙等的位置进行布置。竖向支承系统立柱和立柱桩的位置和数量，要根据地下室的结构布置和制定施工方案经计算确定，其承受的最大荷载，是地下室已浇筑至最下一层，而地面上已浇筑至规定的最高层数时的结构重量与施工荷载的综合。除承受能力必须满足荷载要求外，钢立柱底部桩基础的主要设计控制参数是沉降量，目标是使相邻立柱以及立柱与基坑周边围护体之间的沉降差控制在允许范围内，以免结构梁板中产生过大的附加应力，导致裂缝的产生。

（2）支承立柱与立柱桩的布置

对于一般承受结构梁板荷载及施工超载的竖向支承系统，结构水平构件的竖向支承立柱和立柱桩可采用临时立柱和与主体结构工程桩相结合的立柱桩（一柱多桩）的形式，也可以采用与主体地下结构柱及工程桩相结合的立柱和立柱桩（一柱一桩）的形式。除此之外，还有在基坑开挖阶段承受上部结构剪力墙荷载的竖向支承系统等立柱和立柱桩形式。

（3）竖向支承立柱的种类

1）角钢格构立柱

立柱设计一般应按照偏心受弯构件进行设计计算，同时应考虑所采用的立柱结构构件与主体结构水平构件的连接要求以及与底板连接位置的止水构造要求。基坑工程的立柱与主体结构的竖向钢构件的最大不同在于立柱需要在基坑开挖前置入立柱桩孔中，并在基坑开挖阶段逐层与水平支撑构件完成连接。因此，立柱的截面尺寸大小要有一定的限制，同时应能够提供足够的支撑能力。立柱截面构造应尽量简单，与水平支撑体系的连接节点应易于现场施工。

型钢格构由于构造简单、便于加工且承载能力较大已经成为应用最广的钢立柱形式之一。最常用的型钢格构柱采用四根角钢拼接而成的缀板格构筑，可选的角钢规格品种丰富，工程中常用的有∟120mm×12mm、∟140mm×14mm、∟160mm×16mm 和∟180mm×18mm 等规格。依据所承受的荷载大小，钢立柱设计钢材常用 Q235B 或 Q345B 级钢。为满足下部连接的稳定与可靠，钢立柱一般需要插入立柱桩顶以下 3～4m。角钢格构柱在梁板位置也应当尽量避让结构梁板内的钢筋。因此截面尺寸除需要满足承载能力要求外，还需考虑立柱桩桩径和所穿越的结构梁等结构构件的尺寸。最常用的钢立柱截面边长为420mm、440mm 和 460mm，所适用的最小立柱桩桩径分别为 700mm、750mm 和 800mm。

为了便于避让水平结构构件的钢筋，钢立柱拼接应采用从上而下平行、对称分布的钢缀板，而不采用交叉、斜向分布的钢缀条连接。钢缀板宽度应略小于钢立柱截面宽度，钢缀板高度、厚度和竖向间距根据稳定性计算确定，其中钢缀板的实际竖向布置，除了满足设计计算的间距要求外，也应当设置于能够避开水平结构构件主筋的标高位置。基坑开挖施工时，在各层结构梁板位置需设置抗剪件以传递竖向荷载。

2）钢管混凝土立柱

高层建筑结构采用在钢管中浇筑高强混凝土形成钢管混凝土柱，其施工便捷、承载力高且经济性好，因此近年来得到了广泛应用。基坑工程采用钢管混凝土立柱一般内插于其下的灌注桩中，施工时首先将立柱桩钢筋笼及钢管置入桩孔之中，再浇筑混凝土依次形成桩基础与钢管混凝土柱。

钢管混凝土柱作为竖向支承立柱由于具有较高的竖向承载能力，在逆作法施工中也有着不可替代的地位。角钢拼接格构柱的竖向承载能力值一般不超过 6000kN，因此，若地下结构层数较多且作用较大的施工超载，或者在地下结构逆作期间同时施工一定层数的上部结构，则单根角钢格构柱所能提供的承载力往往无法满足一个柱网范围内的荷载要求。在此情况下，工程中可采用基坑开挖阶段在地下结构柱周边设置多组钢立柱和立柱桩（"一柱多桩"）的设计方法来解决，但是在主体结构设计可行的条件下，基坑围护工程采用单根承载力更大的钢管混凝土柱作为立柱插入立柱桩的"一柱一桩"设计则是技术、经济上更为合理的方案。

一般而言，钢管可以根据工程需要定制，直径和壁厚的选择范围较大，常用直径在500～700mm。钢管混凝土柱通常内填设计强度等级不低于 C40 的高强混凝土。考虑到立柱桩一般采用强度为 C30、C35 的混凝土，因此混凝土浇筑至钢管与立柱桩交界面处的不同强度等级混凝土的施工工艺也是一个值得注意的问题。

(4) 竖向支承系统的连接构造

1）立柱与结构梁板的连接构造

① 角钢格构柱与梁板的连接构造

角钢格构柱与结构梁板的连接节点，在地下结构施工期间主要承受荷载引起的剪力，在节点位置钢立柱上设置足够数量的抗剪钢筋或抗剪栓钉。在主体结构永久使用阶段，结构梁主筋一般可全部穿越钢立柱外包混凝土形成的劲性柱，因此连接节点一般不需要再设置额外的抗弯构件。抗剪栓钉与抗剪钢筋均需要在钢立柱设置完毕、土方开挖过程中现场安装，钢筋与钢立柱之间的焊接工作量相对较大，并且对于较小直径（小于 19mm）的栓钉，可采用焊枪打设、一次安装，机械化程度更高，施工质量也比较容易得到保证。逆作施工阶段中，承受施工车辆等较大荷载直接作用的结构梁板层，需要在梁下钢立柱上设置钢牛腿或者在梁内钢牛腿上焊接足够抗剪能力的槽钢等构件。格构柱外包混凝土后伸出柱外的钢牛腿可以割除。

② 钢管混凝土柱与结构梁板的连接构造

钢管混凝土柱与结构梁板的连接节点大致可以分为钢筋混凝土环梁连接节点和钢牛腿连接节点两种连接方式。钢筋混凝土环梁连接节点适用于几乎所有钢管混凝土柱与钢筋混凝土梁、无梁楼盖连接的过程中。钢筋混凝土环梁是在钢管外侧设置一圈厚度约为 $400\sim500\mathrm{mm}$ 的钢筋混凝土环形梁，混凝土环梁由顶底面环筋、腰筋和抗剪箍筋组成。在梁柱节点，受钢管混凝土柱阻挡无法贯通的结构梁钢筋全部锚入到筋混凝土环梁中，混凝土环梁与结构梁和节点范围内的框架柱外包混凝土一同浇筑。钢管混凝土柱与混凝土环梁的接触面需设置抗剪环筋及抗剪栓钉等抗剪键。钢筋混凝土环梁在逆作施工阶段承受结构梁端的弯矩与剪力，并传递给钢管混凝土柱，因此钢筋混凝土环梁应具有足够的强度和刚度，以确保梁柱节点传力的可靠性。钢管混凝土柱与结构梁的钢牛腿连接节点有钢牛腿结合加强环或钢牛腿等多种连接形式。钢牛腿连接节点适用于钢筋混凝土梁、钢骨混凝土劲性梁、无梁楼盖与钢管混凝土柱的连接，具体做法是在钢管周边设置钢牛腿，为了加强钢牛腿与钢管混凝土柱的连接刚度，可在钢牛腿上下翼缘设置封闭加强环，梁板受力钢筋则焊在钢牛腿与加强环钢板上。

2）立柱、立柱桩与基础底板的连接构造

钢立柱各层结构梁板位置应设置剪力与弯矩传递构件。钢立柱在底板位置设置止水构件以防止地下水上渗，通常采用在钢构件周边加焊止水钢板的形式。对于角钢拼接格构柱通常止水构造是在每根角钢的周边设置止水钢板，通过延长渗水路径起到止水目的。对于钢管混凝土立柱，则需要在钢管位于底板的适当标高位置设置封闭的环形钢板，作为止水构件。

一柱一桩在穿越底板的范围内设置止水片，逆作施工结束后，一柱一桩外包混凝土形成正常使用阶段的结构柱。正常使用期间外包混凝土，永久框架柱位置的立柱桩均利用主体在柱下工程桩，结构边跨位置及出土口局部位置考虑新增立柱桩作为逆作施工阶段边跨及出土口区域的竖向支承。立柱桩在施工阶段底板浇筑前，承受全部结构自重，在使用阶段应满足结构抗压或抗拉要求。框架柱与支承立柱合二为一，梁柱、板柱节点均采取可靠抗剪措施。施工中要采取可靠措施保证钢立柱混凝土浇筑质量，以及灌注桩顶混凝土质量。

3）立柱与立柱桩的连接构造

逆作施工阶段竖向荷载全部由一柱一桩承担，而支承立柱最终将竖向荷载全部传递给立柱桩，因此支承立柱和立柱桩之间必须有足够的连接强度，以确保竖向力的可靠传递。一方面钢立柱在立柱桩中应有足够的嵌固深度；另一方面，两者之间应有可靠的抗剪措施。钢立柱嵌入立柱桩的深度一般在 $3\sim4\mathrm{m}$，且需要通过计算确定。对于角钢格构柱，其自身截面决定了承受的竖向荷载较小，一般通过角钢与混凝土之间的粘结力，并在角钢侧面根据计算设置足够竖向的栓钉即可将竖向荷载传递给立柱桩。

钢管混凝土柱的柱端截面较大，柱端传力作为钢管混凝土柱与立柱桩之间的主要传力途径，为了进一步加大柱端传力面积，可在钢管混凝土柱端部外缘设置环板和加筋肋。为增加钢管混凝土柱与立柱桩之间的粘结力和锚固强度，在钢管外表面设置足够数量的栓钉。钢管混凝土柱通过柱端和桩侧粘结力最终将荷载传递给立柱桩。一般钢管混凝土柱内填高强混凝土，为了立柱桩与钢管柱端截面的局部承压问题，通常将钢管混凝土柱底部以下一定范围的立柱桩桩身混凝土也采用高强混凝土浇筑。

（三）逆作法的施工技术

1. 逆作法施工原理

逆作法施工，是将常规的地下结构施工方法（顺作法）的次序颠倒过来，待施工完基坑围护结构及将工程桩接升到地面的中间支撑柱后，直接施工地下结构的顶板或先开挖坑内土体至基坑一定深度再进行地下结构的顶板、中间柱的施工，然后再依次逐层向下进行地面以下的挖土和各层楼板的建造，直到底板施工。在顶板施工完毕以后，在进行地下结构与安装施工的同时，开展地面以上结构的施工。

2. 逆作法工艺流程

逆作法施工过程是在先施工完成基坑四周护壁结构和基坑中用于逆作施工的中间柱以后进行下列步骤施工。

（1）开挖表层土、施工地下室一层的顶板。

（2）开挖地下室一层的顶板至地下室二层的顶板标高的土方。

（3）施工地下室二层的顶板，并适时施工地下室一、二层顶板间的钢筋混凝土柱。

（4）开挖地下室二层顶板至地下室三层顶板标高的土方。

（5）施工地下室三层的顶板，并适时施工地下室二、三层顶板间的钢筋混凝土柱。

（6）开挖地下室 n-1 层至地下室 n 层顶板标高的土方。

（7）施工地下室 n 层的顶板，并适时施工地下室 $n-1$ 层，n 层顶板间的钢筋混凝土柱。

（8）开挖地下室 n 层顶板至坑底的土方，并在该开挖过程中于层间某合适标高架设临时钢支撑。

（9）浇筑底板垫层和钢筋混凝土底板。

（10）施工地下室 n 层顶板至地下室底板间的钢筋混凝土柱。

（11）施工各层地下室外墙的内衬结构，完成全部地下室的结构施工。

3. 施工关键技术

地下连续墙施工过程中的关键技术

地下连续墙作为基坑施工临时维护体系在我国已经有了近50年的历史，施工工艺已经较为成熟。采用逆作法施工时，地下连续墙一般在作为基坑围护的临时结构的同时，又作为地下室的主体结构，为"两墙合一"的结构形式。此时作为承受水平向荷载为主的围护地下连续墙，同时要作为承受竖向荷载的永久结构时，"两墙合一"地下连续墙相比临时维护地下连续墙的施工在垂直度和平整度控制、接头防渗及墙底注浆等几个方面有更高的要求，其中垂直度控制、平整度控制、接头防渗等几个方面技术要求更高，而墙底注浆则是"两墙合一"地下连续墙控制竖向沉降和提高竖向承载力的关键措施。

（1）垂直度控制

临时围护地下连续墙垂直度一般要求控制在 1/150，而"两墙合一"地下连续墙由于其在基坑工程完成后作为主体工程的一部分而将承受永久荷载、成槽垂直度不仅关系到钢筋笼吊装，预埋装置安装及整个地下连续墙工程的质量，更关系到"两墙合一"地下连续墙的受力性能。因此，一般作为"两墙合一"的地下连续墙垂直度需达到1/300，而超深地下连续墙对成槽垂直度要求达到1/600。施工中需采取相应的措施来保证超深地下连续墙的垂直度，尤其是超深地下连续墙的垂直度控制更显得尤为重要。

根据施工经验，作为"两墙合一"的地下连续墙，其导墙定位外移100～150mm，以保证将来地下连续墙开挖后内衬的厚度，导墙在地下连续墙转角处根据需要向外延伸200～500mm，以保证成槽机抓斗能够抓起。成槽所采用的成槽机均需具有垂直度自动纠偏装置，以便在成槽过程中实时监测偏斜情况，并且可以自动调整。应根据各槽段的宽度尺寸，决定挖槽的抓数和次序。当槽段三抓成槽时，采用先两侧后中间的方法，抓斗入槽、出槽应慢速、稳定，并根据成槽机的仪表及实测的垂直度情况及时纠偏，以满足成槽精度要求。成槽过程须随时注意槽壁垂直度情况，每一抓到底后，用超声波测井仪检测成槽情况，发现倾斜度超过规定范围，应立即启动纠偏系统调整垂直度，确保垂直度达到规定的要求。

（2）平整度控制

"两墙合一"地下连续墙对墙面的平整度要求也比常规地下连续墙要高。现浇地下连续墙的墙面通常较粗糙，如施工不当可能出现槽壁坍塌或相邻墙段不能对齐等问题。一般来说，越难开挖的土层，其精度也越低，墙面平整度较差。

"两墙合一"地下连续墙对墙面平整度影响的首要因素是泥浆护壁的效果，因此可根据实际试成槽的施工情况，调节泥浆密度。泥浆密度一般控制在 $1.18g/cm^3$ 左右，施工中应对每一批新拌制的泥浆进行泥浆性能的测试。对已发生槽段坍塌的土层，可根据现场场地实际情况采取以下措施：①对暗浜区进行加固；②对施工道路侧水泥土搅拌桩进行加固；③控制成槽速度。

（3）地下连续墙与主体结构变形协调控制

地下连续墙"两墙合一"工程中，地下连续墙和主体结构变形协调至关重要。一般情况下，主体结构工程桩较深，而地下连续墙作为围护结构其深度较浅，不可能和主体工程桩处于同一持力层；另一方面，地下连续墙分布于整体地下室的周边，施工阶段与桩基的上部荷重的分担不均，对变形协调有较大的影响；同时，由于施工工艺的因素，地下连续墙成槽时采用泥浆护壁，槽段为矩形截面，且其长度较大，槽底清淤难度较钻孔灌注桩大，沉淤厚度大于钻孔灌注桩，墙底和桩端沉降存在较大差异。针对上述问题可采用以下解决措施：

1）地下连续墙成槽时，在槽段内预设注浆管，待墙体浇筑并达到一定强度后对槽底进行注浆，通过对地下连续墙槽底进行注浆来消除墙底沉淤，加固墙侧和墙底附近的土层。

2）地下连续墙在成槽结束后及钢筋笼入槽之前，往槽底投放适量的碎石，使碎石面高出设计槽底50～100mm，待钢筋笼吊放后，依靠笼段的自重压实槽底碎石层及土体以提高墙端承载力，并辅以槽底注浆的措施，进一步改善墙端受力条件。

（4）接头防渗技术

"两墙合一"地下连续墙既作为围护施工的挡土、挡水结构，也作为地下室外墙起着永久的挡土、挡水作用。因此其防水防渗的要求极高。地下连续墙单元槽段依靠接头连接，这种接头通常要满足受力和防渗要求，但通常地下连续墙接头的位置是防渗的薄弱环节。对"两墙合一"地下连续墙接头防渗通常可采用以下措施：①为减少泥皮以及夹泥的不利，保证地下连续墙的质量，施工中必须采用有效的方法进行混凝土壁面的清刷；②采用防水性能较好的刚性接头；③接头处设置扶壁柱；④在接头处采用高压喷射注浆加固。

4. 立柱与立柱桩施工中的关键技术

逆作法施工时的临时竖向支承系统一般采用钢立柱插入底板以下立柱桩的形式，钢立柱通常为角钢格构柱、钢管混凝土柱或 H 型钢柱；立柱桩可以采用灌注桩或钢管桩形式。在逆作法工程中，在施工中承受上部结构和施工荷载等垂直荷载，而在施工结束后，中间支承柱有一般外包混凝土后作为正式地下室结构柱的一部分，承受上部结构荷载，所以中间支承柱的定位和垂直度必须严格满足要求。一般规定，中间支承柱轴线偏差控制在±10mm 内，标高控制在±10mm 内，垂直度控制在 1/300～1/600 以内。施工中有关允许偏差见下表 3-1。

表 3-1

钢立柱安装的允许偏差

项次	项目	允许偏差	检查方法
1	轴线偏差	±2mm	用钢尺检查
2	垂直度	L/300	用经纬仪或吊线和钢尺检查

注：L 为格构柱长度

（1）调垂施工技术控制

钢立柱的施工必须采用专门的定位调垂设备对其进行定位和调垂。目前，钢立柱的调垂方法主要有气囊法、机械调垂法和导向套筒法三大类。

1）气囊法

角钢格构柱一般可采用气囊法进行纠正。在格构柱上端 X 和 Y 方向上分别安装一个传感器，并在下端四边外侧各安放一个气囊，气囊随格构柱一起下放到钻孔中，并固定于受力较好的土层中。每个气囊通过进气管与电脑控制室相连，形成监控和调垂全过程智能化施工的监控体系。气囊施工流程如下：

① 对现场的格构柱进行验收，格构柱制作必须符合《钢结构工程施工质量验收规范》GB 50205—2001，钢结构的焊接必须符合《建筑钢结构焊接规程》JGJ 81—2002，同时必须满足设计要求。

② 现场制作格构柱应搭设操作平台，按照操作规程依次在格构柱上安装气囊、线坠、进气管和传感器等。

③ 按照图纸要求安放护筒，应在安放前焊接固定格构柱的钢板。护筒定位要准确，护筒中心与桩位中心的误差不大于 20mm，并应确保其垂直。护筒采用 6mm 钢板卷制，并应加设 2 条 100mm 宽的加劲箍。护筒周围用黏土回填密实，施工中不发生漏浆。

④ 钻机安装应水平、稳固，定位应准确。钻机的盘转中心与桩位中心的偏差不大于10mm。钻机塔架顶部滑轮组、回转器与钻头保持在同一铅直线上，施工中应经常检查钻头是否满足要求，如磨损较大，应立即替换。

⑤ 灌注桩应按照要求进行成孔检测，格构柱必须全部检测，位于搅拌桩区域内的桩

应进行自检。若孔径或孔垂直度不符合设计要求，须重新扫孔，直至达到设计及相关规范要求。成孔的具体要求同工程桩。

⑥ 起吊格构柱，用经纬仪从两个方向校垂直，确保格构柱垂直下方。采用仪器监测的应先进行一次调试，记录初始读数，以此数据作为传感器的初始值，消除其对今后施工的影响。下格构柱时，逐步拆除导线等固定物。

⑦ 应经常测试混凝土面标高。当达到气囊底，应迅速拆除进气管、气囊等设备以免妨碍混凝土继续浇捣。

⑧ 拆除气囊后可继续浇捣混凝土，直至设计标高，记录混凝土浇捣方量、最终浇筑面标高以及垂直度。

⑨ 拆除传感器及固定格构柱的钢管。

⑩ 施工过程中做好技术复核、隐蔽验收及其他各项工作记录，并及时进行文件资料的收集。做好各项工作确保达到可追溯。

2）机械调垂法

机械调垂系统主要由传感器、校正架、调节螺栓等组成。在钢立柱上端 X 和 Y 两个方向上分别安装一个传感器。钢立柱固定在校正架上，钢立柱上设置 2 组调节螺栓，每组4 个，两两对称，两组调节螺栓有一定的高差，以便形成扭矩。测斜传感器和上下调节螺栓在立柱两对边各设置 1 组。若钢立柱下端向 X 正方向偏移，X 方向的两个上调节螺栓一松一紧，是钢立柱绕下调节螺栓调节，当钢立柱达到规定的垂直度范围后，停止调节螺栓。同理 Y 方向的偏差可通过 Y 方向的调节螺栓进行调节。

3）导向套筒法

导向套筒法是把校正钢立柱转化为导向套筒。导向套筒的调垂可采用气囊法和机械调垂法。待导向套筒调垂结束并固定后，从导向套筒中间插入钢立柱，导向套筒内设置滑轮以利于钢立柱的插入，然后浇筑立柱桩混凝土，直至混凝土能固定钢立柱后拔出导向套管。

施工流程可细分为：定位→埋设护筒→钻孔→测孔→第一次清孔→吊钢筋笼→第二次清孔→安装格构柱→导管→浇筑混凝土→移机。

气囊法适用于各种类型钢立柱的调垂，且调垂效果好，有利于控制钢立柱的垂直度。但气囊法有一定的行程，若钢立柱与孔壁间距离过大，钢立柱就无法调垂至设计要求；机械调垂法是几种调垂法中最经济实用的，但只能用于刚度较大的钢立柱调垂，若用于刚度较小的钢立柱，在上部施加扭矩时将导致钢立柱弯曲变形过大，不利于钢立柱的调垂；导向套筒法由于套筒比钢立柱短，所以调垂较为简便，调垂效果好，但由于导向套筒在钢立柱外，势必使孔径增大。导向套筒法适用于各种钢立柱的调垂。

（2）施工要点

1）逆作法施工期间荷载由立柱桩承担。支承桩钢材宜采用 Q345 钢，钻孔灌注桩混凝土强度等级宜采用 C35 以上。

2）采用逆作法钢管混凝土柱形式，钢管柱中混凝土强度根据设计设定，一般不宜小于 C40。

3）由于地下室内部的剪力墙需在逆作完成后施工，此时可在剪力墙适当位置设置支承柱。

4）逆作法钢立柱在桩基施工时不宜焊接于钢筋笼顶端随钢筋笼同时进入桩孔内以便控制垂直度。

5）立柱桩利用的工程桩，均应按照工程桩的要求进行桩身混凝土的质量检测。必要时可采取超声波、取芯等方式。

（3）立柱质量主控项目

1）钢立柱的质量检验评定应在该工程焊接或螺栓连接经质量检验评定符合标准后进行。

2）构件必须符合设计要求和施工规范的规定，检查构件出厂合格证及附件。由于运输、堆放和吊装造成的构件变形必须矫正。

3）过渡节段与格构柱接头位置等做法应符合设计要求，接触面平稳牢固。

5. 挖土施工技术

（1）取土口设置

"两墙合一"逆作法施工中，一般顶板施工阶段可采用明挖法，其余地下结构下的土方均采用暗挖法施工。为了满足结构受力以及有效传递水平力的要求，取土口的大小一般在 $150m^2$ 左右。取土口的布置时应遵循以下几个原则：

1）取土口的大小应满足结构受力要求，保证土压力的有效传递。

2）取土口的水平距离应便于挖土施工，一般满足结构楼板下挖土机最多二次翻土的要求，避免多次翻土引起的土体扰动。此外，在暗挖阶段，取土口的水平距离还要满足自然通风的要求。

3）当底板采用抽条开挖时，取土口的数量应满足出土要求。

4）取土口的地下各层楼板与顶板的洞口位置应相对应。

5）取土口布置应充分利用结构原有洞口或主楼筒体顺作的部位。

（2）土方开挖形式

对于土方和混凝土结构工程量较大的基坑，无论是基坑开挖还是结构施工形成支撑体系相应工期均较长，由此会增大基坑的风险。为了有效控制基坑变形，可利用"时空效应"，将基坑土方开挖和主体结构划分施工段并采取分块开挖的方法在土方开挖时可采取盆式开挖方式、抽条开挖方式以及合理分层分段的开挖方式。施工段划分的原则如下：

1）按照"时空效应"、遵循"分层、分块、平衡对称、限时支撑"的原则；

2）利用后浇带，综合考虑基坑立体施工和交叉流水的要求；

3）必要时合理地增设结构施工缝。

6. 环境保护及监测

基坑工程施工效果的优劣最终表现为对周围环境的影响，尤其是城市中心地区。采用逆作法对控制地面沉降是有利的，应为产生地面沉降的重要原因是支护结构的变形。逆作法中结构墙、梁、楼板作为支护结构，其水平刚度远大于顺作施工的临时支撑结构。为将进一步提高逆作法的效果，还必须通过设计、施工措施来控制地面变形，这里包括必要的临时支撑、地基加固措施以及其他施工措施等。从设计、施工、监测全面进行控制，才能达到预期的效果。

（四）框架逆作法施工技术

对于大面积逆作法深基坑，由于土方暗挖工作量大，效率低，挖土难。针对逆作法的施工特点和所在场地的特殊条件，结合顺作法的某些技术对逆作法进行调整，可以兼顾顺作和逆作的优点，提高基坑施工效率和安全。上海陆家嘴塘东总部基坑中块基坑工程设计对此进行了大胆创新，采用了框架逆作法施工技术，即以地下结构框架梁柱作为基坑的支撑墙体和楼板顺作的方法；框架逆作法结合了明挖顺作法的开挖速度快，常规逆作法刚度大等特点的一种新型工法，它不同于常规全逆作法的梁板一起浇筑，仅浇筑框架梁，楼板则后浇筑。可以大大提高工作效率，避免了以往暗挖工作面的局面，提高了开挖的安全度，通过合理布置栈桥位置，提高了出土效率，缩短了工期，同时解决了常规逆作法中土方暗挖的难题。

1. 工程概况

陆家嘴塘东总部基地中块地下空间开发项目本工程位于杨高南路、花木路、锦康路、东锦江大酒店合围地块，本标段为地下室结构部分。基坑总面积约 $46475m^2$，地下室总建筑面积约 $136000m^2$。整个基坑呈长方形，东西长约 251m，南北宽约 189m。

本工程场地绝对标高约为 +5.70m，自然地面平均标高相当于相对标高 -1.650m，地下室 3 层层高分别为：6m、3.8m、3.6m，塔楼区基坑开挖深度为 14.2~15.2m；裙房区基坑开挖深度为 13.6m，局部电梯井坑深度达到 18~20m。

地下室底板根据区域分设不同厚度，裙房底板为 1m，主楼底板根据主楼高度分别为 1.6~2.6m，底板之间设置沉降后浇带，在结构封顶后封闭；裙房地下室结构为框架结构，主楼在地下室为钢筋混凝土框架核心筒结构，地上部分为内（核心）筒外框（钢结构）体系。

根据工程特点，本工程采用了裙房区域框架逆作，主楼区域顺作的设计方案：在主楼区域周边设置临时混凝土圆环支撑，形成大空间；裙房区域利用裙房主体结构的结构梁体系作支撑系统，临时支撑和裙房结构梁处于一个平面上，共同构成基坑开挖期间的整体围护体系。采用结构框架梁代替支撑的施工方法在超大体量的地下室施工中为首次运用。

2. 技术简介

（1）基坑围护体系

1）围护采用钻孔灌注桩，桩直径为 1050~1100mm，间距为 1250mm；止水帷幕采用三轴搅拌桩，桩径为 $\phi850@600$；桩间填充采用压密注浆（如图 3-1 所示）。

2）坑内加固分别采用二轴搅拌桩和三轴搅拌桩，其中二轴搅拌桩用于坑边加固，加固宽度为 11.95~12.35m，加固深度为 19.25~19.65m；三轴搅拌桩用于主楼部位电梯井深坑处，加固宽度 4100mm，加固深度 11m；电梯井深坑内采用压密注浆满坑加固。坑内加固采用深层搅拌桩及压密注浆，其中沿围护桩内侧采用双轴搅拌桩进行加固，对于电梯井、集水井等局部落深区采用三轴水泥土搅拌桩进行加固，并且对坑内采用压密注浆进行坑底加固。

（2）基坑支撑体系

1）裙房区域结构主梁作为支撑，楼板暂时不施工，在基础底板完成后，在主楼顺作过程中逐步施工楼板。非主楼区利用三道结构梁作支撑，主楼区域采用三道临时混凝土支撑，支撑均在同一标高面上。

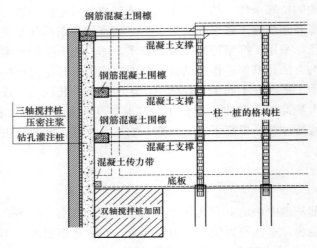

图 3-1 基坑围护剖面

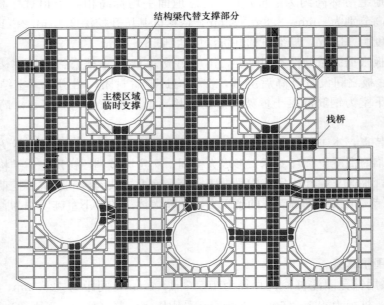

图 3-2 基坑支撑及栈桥平面示意

2）第一道支撑布置施工栈桥，栈桥宽度 9.2m。栈桥作为结构楼板，不予拆除。

3）主楼区域采用圆环状临时支撑，与裙房结构梁处于同一标高平面，在主楼顺作过程中逐层拆除。（见图 3-2）（其中圆环所在部位的正方形支撑为临时支撑，其他支撑为结构梁代替的永久支撑，阴影部位为栈桥）。

4）在第一、二、三道支撑处分别设置混凝土围檩，支撑梁（即结构梁）支撑于围檩上；在底板边缘设置混凝土传力带，使底板支撑于围护结构上（见图 3-1）。

5）支撑立柱采用一柱一桩的施工工艺，利用现有工程桩和增加的临时立柱桩作为钢格构的支承。立柱采用 430×430 钢格构柱，立柱桩采用直径 φ800 钻孔灌注桩，立柱穿越底板范围内设置止水片。

6）立柱桩分为一柱一桩的永久性立柱和临时立柱两种形式，永久性钢格构立柱在逆作施工结束后外包钢筋混凝土形成主体结构柱，临时钢格构柱待地下室结构全部完成并达到强度后割除。

（3）施工总体顺序

1）进行围护钻孔灌注桩的施工和止水帷幕的施工。

2）正式工程桩完成后立即开始进行基坑加固工程（双轴和三轴搅拌桩）施工。

3）降水施工与基坑加固工程（双轴和三轴搅拌桩）搭接。在基坑加固进行一定时间，具备施工条件后，开始深井的打设。

4）基坑表面挖土至第一道支撑底标高，栈桥部位开挖到栈桥梁底下1~1.5m，然后开始施工首层非主楼区结构梁和栈桥梁板及主楼区的第一道临时支撑。

5）待首层结构梁及第一道支撑达到其设计强度的80%后（其中栈桥强度要求达到100%），基坑周边在−2.650标高设置20m宽度的平台，基坑大面积分层、分段开挖，基坑中部盆式开挖至B1层梁底，坡面采取护坡措施，及时施工地下室B1层已开挖至设计标高的非主楼区结构梁及主楼区的第二道临时支撑。

6）中部支撑施工完成后，分区分段间隔跳挖周边土体至B1层梁底标高，并及时施工地下室B1层周边部分已开挖至设计标高的非主楼区结构梁及主楼区的第二道临时支撑。

7）待B1层结构梁及第二道支撑达到其设计强度的80%后，在基坑周边标高留设20m宽的平台，基坑大面积分层、分段开挖，基坑中部盆式开挖至B2层结构梁底标高，坡面采取护坡措施，及时施工地下室B1层已开挖至设计标高的非主楼区结构梁及主楼区的第三道临时支撑。

8）中部支撑施工完成后，分区分段间隔跳挖周边土体至B2层梁底，并及时施工地下室B2层周边已开挖至设计标高的非主楼区结构梁及主楼区的第三道临时支撑。

9）在B2层结构梁（即第三道支撑）施工间隙，进行主楼电梯坑内的压密注浆施工。

10）待B2层结构梁及第二道支撑达到其设计强度的80%后，对最后一层土体进行分块开挖。其流程按图纸要求分别为先中心后四周，先裙房后主楼。每一分块土体开挖至基坑底标高后，及时施工地下室垫层、大底板及传力带。坡面如有不能立即跟进施工的，采取护坡措施。

11）基础底板完成后的区域，开始施工B2层主楼四周的楼板及换撑。

12）待基础底板、混凝土传力带、B2层先浇筑的楼板及换撑混凝土达到其设计强度的80%后，拆除主楼区第三道临时支撑。

13）施工主楼区B2层楼板及传力带，并施工B1层主楼区四周的楼板及换撑。

14）待主楼区B2层楼板、混凝土传力带、B1层先浇筑的楼板及换撑混凝土达到其设计强度的80%后，拆除主楼区第二道临时支撑。

15）施工主楼区B1层楼板及传力带。

16）待主楼B1层楼板及混凝土传力带混凝土达到其设计强度的80%后，拆除主楼区第一道临时支撑。

17）施工主楼区首层楼板。

18）在顺序施工主楼区域的同时，根据现场条件及时施工剩余的结构墙板。

（4）一柱一桩施工措施

1）对于永久格构柱所在的立柱桩，采用扩孔的工艺来确保格构柱的垂直度，扩孔部位直径为1000mm，用1000mm钻头成孔至立柱底标高以下2m后，提钻换800mm钻头成孔至设计深度，并进行清孔。

2）利用"反导向固定架"装置进行格构柱的定位和纠偏，"反导向固定架"固定在桩孔的上方上，导向架的轴线与地面上立柱桩位的轴线完全重合，并经过水平测试。如图3-3所示。

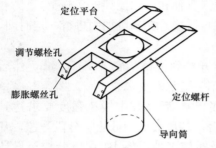

定位平台

调节螺栓孔

膨胀螺丝孔

定位螺杆

导向筒

图3-3　反导向固定架示意

3）钢格构柱采用50T履带吊进行吊装。与钢筋笼根据不同要求（永久和临时）分别采用不同的连接方式：

4）一柱一桩的钢立柱与钢筋笼顶部须分离，钢筋笼先下，钢立柱随后垂直插入校正架后缓慢下放，当下放至设计标高时固定牢固。

5）临时钢立柱与钢筋笼顶部连接，即在下放钢立柱时，钢筋笼的主筋直接焊接在钢立柱上，然后继续下放钢立柱。

6）混凝土灌注过程中灌3m³混凝土测量一次混凝土面标高，直至超出设计标高2～4m，严格控制一柱一桩的桩顶混凝土标高；在混凝土灌注过程中，导管埋深严格控制在3～6m。

7）"反导向固定架"拆除必须待混凝土浇筑完并使混凝土完全终凝之后方能拆除。

（5）降水工程施工措施

1）本基坑开挖面积大，深度深，时间长，地质条件复杂。基坑开挖层以下有高承压水头的承压含水层，基坑周边分布有众多管线、道路和建筑，对降承压水和减小由于降承压水对周边环境的影响提出很高的要求。

2）本工程采用大口径井点，在基坑内共布置疏干管井130口；主楼深坑处布置承压管井坑内18口；坑外观测井6口。井位布置在具体施工时应避开支撑、工程桩和坑底的抽条加固区，同时尽量靠近支撑以便井口固定（见图3-4）。具体井的深度应根据相应区域的基坑开挖深度来定。降水工作应与开挖施工密切配合，根据开挖的顺序、开挖的进度

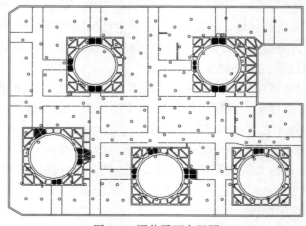

图3-4　深井平面布置图

等情况及时调整降水井的运行数量。

3）针对降水工程难点，采用以下措施解决降水工程中的难点：

① 对于不同的土层降水要求，本工程中采用不同降水方法来解决。根据不同土层的渗透性合理布置疏干井滤水管，降低基坑潜层土层水位（见图3-5）。

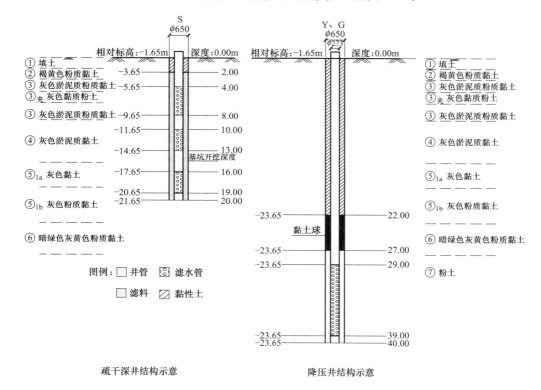

疏干深井结构示意　　　　　　　　　降压井结构示意

图3-5　深井剖面

② 对于承压水，布置降压井和观测备用井进行降低承压水的工作，防止基坑突涌的发生。

③ 利用基坑内未抽水的井和基坑外观测井作为临时观测井，加强水位观测，根据监测结果来指导抽水或采取回灌措施。

④ 确保承压水井的不间断工作，根据试抽水出水量及观测井水位决定抽水速率，控制承压水头与上覆土压力足以满足开挖基坑稳定性要求，这将使降水对环境的影响进一步降低。为确保承压水降压井的供电不间断，施工现场应配置备用双电源。

（6）土方工程施工措施

1）基坑开挖前，坑内土体中的地下水位降至坑底土体开挖标高下 $50\sim100$cm，确保土方施工的顺利开挖；施工中，及时排除坑内的积水和地面流水。

2）根据"时空效应"的理论，应该严格按照"分层、分区、平衡、限时"的要求进行开挖，紧扣挖土与支撑施工的工序衔接。采用盆式开挖的方式时，先开挖基坑内中间区域的土方，待中间部位的支撑形成后，再开挖两侧留土，并快速组织支撑施工。

3）在施工过程中应严格遵循"先撑后挖，见底覆混凝土"，确保基坑支撑围护系统的安全。在开挖至坑底时，混凝土垫层应随挖随浇，一般在开挖至基坑底的标高后，应在

24 小时内完成混凝土垫层的浇筑。

4）根据开挖进度，应提前在围护墙边预先开挖应力释放沟，使围护墙的侧压力逐步得到卸载，应力释放沟的深度一般为 2m 左右，确保基坑围护墙的安全与稳定。

5）根据基坑围护设计方案中的具体要求，基坑土方的开挖施工采取分层、分区及盆式开挖的方式。

6）首层支撑部位开挖时按照逐块后退的原则，逐步完成栈桥及支撑的施工，使得栈桥在首层形成施工通道（见图 3-6）。

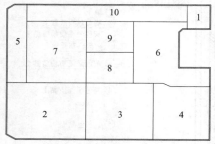

图 3-6　首层土方开挖分块流程

7）第二、第三道支撑的土方开挖按照设计的要求，先行开挖中间部位并进行混凝土支撑施工，周边留置 20m 宽度的土方，并留设斜坡；在中间部位支撑施工完成后，再抽条开挖周边土体并跟进混凝土支撑施工；最后将余留的土方开挖后完成支撑施工（见图 3-7）。

8）底板的土方开挖是先开挖中间部位土方，并浇筑底板；然后将裙房部位的土方挖出后施工底板，以在基坑内形成对撑，保证基坑的整体稳定；最后再开挖主楼区域的土方并施工底板（见图 3-8）。

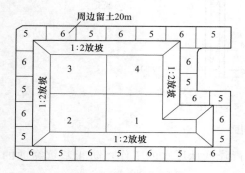

图 3-7　盆式开挖分块流程

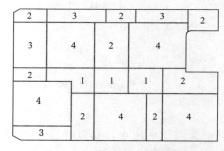

图 3-8　底板开挖分块流程

（7）钢筋混凝土结构施工特征

本工程地下室的钢筋混凝土施工为常规施工要求，但在节点部位与普通施工工艺的混凝土有所不同，主要表现在如下几个方面：

1）由于除主楼位置外，支撑梁均兼作结构梁，故对结构支撑梁施工的尺寸、位置、标高、施工质量等均有很高的要求。在施工过程中，需要采取措施，严格控制混凝土的浇筑质量。

2）叠合梁板的施工为先梁后板，梁上预留插筋，与后浇的板结合在一起（见图 3-9）。

3）永久立柱的格构柱内混凝土浇筑为施工难点之一。由于框架柱截面远远小于梁宽，混凝土的浇筑必须经由格构柱内的空间，所以采用预留混凝土浇筑孔的方法。

4）对于首层栈桥区域的结构，在永久格构柱顶端预留浇筑口。浇筑口用钢管制作，每个格构柱一个，位于格构柱角钢内侧。管子上口高出栈桥 5～10cm，以防止地面水经由

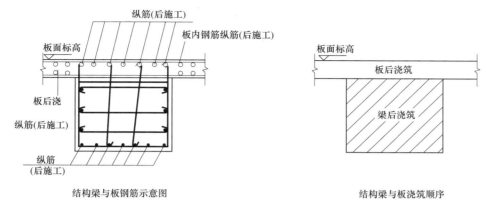

图 3-9　叠合梁板示意

钢管流入基坑（见图 3-10）。

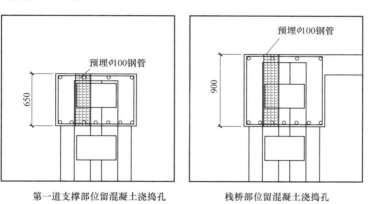

图 3-10　首层格构柱浇捣口留设

5）对于第二、第三道支撑结构区域，在永久格构柱外侧对称部位预留浇筑口。浇筑口用钢管制作，每个格构柱两个。管子上口先行封闭，在柱混凝土浇筑时打开，防止支撑混凝土浇筑时堵塞浇筑（见图 3-11）。

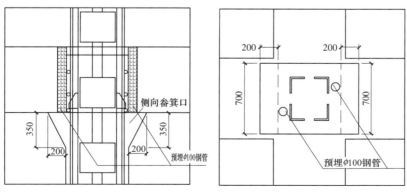

图 3-11　第二、第三道格构柱浇捣口留设

6）浇筑格构柱的混凝土难度在于要让混凝土流经格构柱的空隙，充满整个模板，所以振捣必须充分，混凝土填充必须密实。

7）根据设计意图，外墙浇筑时将结构梁包裹在内。在结构梁施工的时候，预先留设墙板插筋在梁上，等外墙施工的时候，外墙钢筋和结构梁的预留插筋连接后浇筑混凝土，浇筑前对新老混凝土结合面进行凿毛清理，并设置膨胀止水带作为防水节点。外墙混凝土浇筑到连接节点部位时，应注意单向浇筑，充分振捣，防止在支撑下形成空腔造成渗漏。外墙防水在施工至该节点部位时，做好节点加强（见图 3-12）。

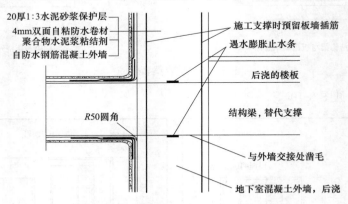

图 3-12　外墙和永久支撑节点详图

8）基础底板及楼层梁板内设置传力钢梁。其中支撑内的传力钢梁预先内置在混凝土支撑内，在基础底板施工完成后的主楼顺作中逐步凿除混凝土后形成钢传力带（见图 3-13）。

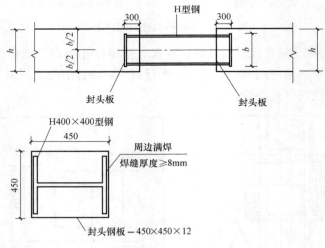

图 3-13　后浇带结构详图

3. 工程应用效果

本工程采用框架逆作方案，是上海地区很有代表性的工程案例，本工程底板施工完成后，地表沉降控制在 22mm 以内、围护结构侧移控制在 41mm 以内，与开挖深度的比值控制在 0.3％以内，为框架逆作法施工提供了成功的案例。基坑开挖及地下室结构施工工况流程图如下图 3-14 所示：

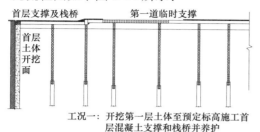

工况一：开挖第一层土体至预定标高施工首层混凝土支撑和栈桥并养护

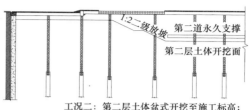

工况二：第二层土体盆式开挖至施工标高；并跟进施工第二道混凝土支撑

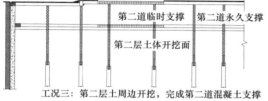

工况三：第二层土周边开挖，完成第二道混凝土支撑

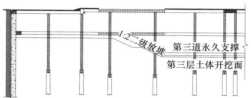

工况四：第三层土方盆式开挖至施工标高，并跟进施工部分第三道支撑

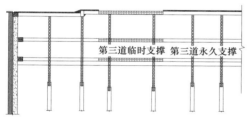

工况五：第三层土周边抽条开挖，完成第三道支撑施工

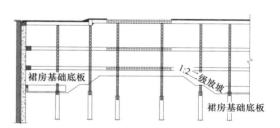

工况六：第四层土先开挖裙房部位，跟进施工基础底板。

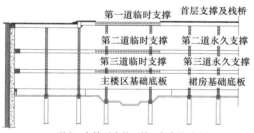

工况七：主楼区土体开挖，完成基础底板施工。

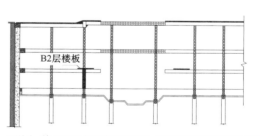

工况八：施工B2层必须施工的楼板，爆破拆除第三道临时支撑。

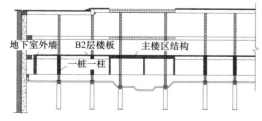

工况九：施工B3层主楼结构，同时跟进B3层其余部分结构

工况十：施工B1层必须施工的楼板，爆破拆除第二道临时支撑。

图 3-14　施工工况流程图（一）

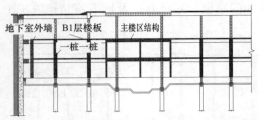

工况十一：施工B2层主楼结构，同时跟进B2层其余部分结构

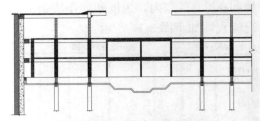

工况十二：拆除第一道临时支撑及格构柱

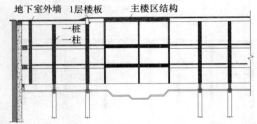

工况十三：施工B1层主楼结构，同时跟进B1层其余部分结构

图 3-14　施工工况流程图（二）

（五）高层建筑双向同步逆作法施工技术与应用

1. 概述

随着社会文明的进步，城市化进程的加速，城市建筑密度的增加，城市设施的功能要求日趋严格，合理开发和利用地下空间，是现代中心城市发展的必然趋势，因此建筑工程正在向地下多层和地上高层超高层发展，同时推动着地下工程结构和深基础施工技术发展。深基础施工是极为复杂和敏感的施工过程，地下工程的造价和工期又占了总造价和总工期很大比例，深基坑的施工过程除本身应达到安全、可靠的要求外，更重要的是如何控制基坑外地面的位移和沉降，防止邻近建筑物、道路管线的超值位移而造成危害。因此，对多层地下室深基础支护进行多方面的研究与技术优化十分必要，其中逆作法施工技术无疑是优化深基坑施工方面值得推广的技术路线之一。

逆作法是近年来发展起来的广泛应用于高层建筑深基础施工中的一种新兴的施工工艺，它具有缩短工期，降低造价，减小基坑变形，减小地下结构施工对周边环境的影响等优点。从目前情况来看，虽然国内逆作法的施工工艺和相关理论都取得一定成果，也有一定的普及。但由于技术和设备的限制以及设计理论和作用机理研究的缺乏，往往仅采用逆作方法施工地下工程，上部结构极少同步施工。即便有少数工程同步施工上部结构，但受剪力墙荷载及竖向结构承载力限制等原因，目前国内高层建筑中，在地下室结构底板施工完成前，上部的框架结构体仅能施工至3～4层高度。如何能够充分发挥逆作施工方法的各项优势，做到上部结构和下部结构同步施工，充分协调地下结构向超深方向发展和上部结构向超高方向发展的关系，双向同步逆作施工技术成为高层建筑施工中的重要研究目标。

2. 技术简介

逆作法的施工工艺和相关理论都取得一定成果，应用也有了一定的普及，但目前仍作为一种特殊施工方法应用，主要用于对工程一般都具有特殊要求。该工法主要是面向具有多层地下室的高层建筑物，尤其是基坑周边有重要建（构）筑物、道路等，对基坑外围沉降和变形要求、环境、噪声等要求较高时，或用传统方法施工满足不了要求而又十分不经济的情况下，运用逆作法可以较好地解决上述问题，同时能够一定程度节省工程预算和工期。

传统的顺作法施工和常规逆作法施工一般先进行地下结构的施工，在完成地下室底板工程后，然后开始地上结构的施工。双向同步逆作法施工在进行地下室施工的同时进行上部结构的施工，国内正在施工的高层建筑均属这一类施工流程。在下部结构施工完成时，即地下室底板完工时，上部结构一般施工到地上三到四层，少数工程已经能达到地上八层。

双向同步逆作施工技术是高层建筑施工中的重要技术路线，能够充分发挥逆作施工方法的各项优势，做到上部结构和下部结构同步施工，充分协调地下结构向超深方向发展和上部结构向超高方向发展的关系。

该新型施工工法及相关技术，通过科学的研究与应用形成设计理论和作用机理等方面的成果，给今后的双向同步逆作工程提供有效的指导，使得高层建筑能上下同步施工，缩短施工工期，减小基坑变形及对周边环境的影响、同时减少施工作业对周边居民及的生活影响，更进一步发挥逆作施工技术的优势。

主要技术内容包括：适用于双向同步施工的施工工艺、设备和工艺节点；理论上分析不断变化的施工工况对整体结构受力、传力体系的作用机理；对逆作结构受力机理和变形特点的研究，形成设计施工一体化技术；逆作实时动态监控系统，提升信息化施工的手段。

3. 工程概况

（1）工程概况

上海市外滩191地块联谊二期工程项目，该项目地下5层，地上23层，建筑总高度80m，挖深19.2m，采用双向同步逆作法施工技术进行施工，在地下室结构底板完成时，上部结构同步施工至15层。

新联谊大厦二期工程位于上海市黄浦区，西临四川中路，东临中山东一路，南近延安中路，北临广东路。

工程主体建筑包括一座五星级酒店、地下商业中心和景观区域，设置五层地下室。本项目基地面积5158m²，总建筑面积约48717m²，其中地上建筑总面积28265m²，地下建筑总面积20425m²，主楼地上23层，西北角副楼地上8层，建筑总高80.00m（机房水箱顶）。地下一层主要用于商业娱乐，地下二层为设备层，地下三、四、五层为地下停车场。

"新联谊大厦二期"项目为一幢23层（约80m）高层塔楼，转角8层裙楼，以及中心广场（其下为5层地下室），结构形式分别为框架-剪力墙以及框架结构；主楼裙楼地下室均为5层，与广场地下室连为整体，主楼部分埋深约20.0m，裙楼及广场地下室部分埋深约 19m。

工程勘察项目等级为甲级。主楼为框架—剪力墙，地下车库为框架结构。本工程设置五层地下室，采用桩筏基础，桩基采用钢筋混凝土钻孔灌注桩。

图 3-15   联谊二期工程建筑效果图

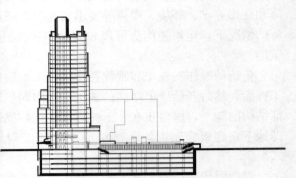

图 3-16   联谊二期工程建筑剖面图

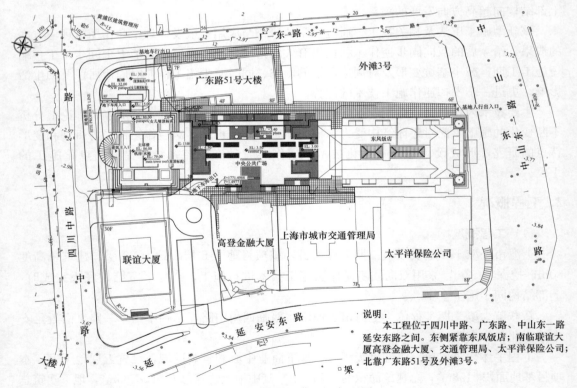

图 3-17   联谊二期工程概况图

工程施工区域地处上海外滩市区中心地段，周边分布多幢国家级、市级文物保护建筑，保护等级高，且距离基坑很近。南面与联谊大厦、高登大厦及上海市城市交通管理局大厦用地相接；东面紧靠东风饭店；北临广东路 51 号及中山东一路 4 号（外滩 3 号）。各保护建筑物情况分别如下：

工程主要参数及性质一览表　　　　　表 3-2

建筑物名称	结构类型	层数	柱间距（m）	基础设计资料			有否地下室	是否作沉降量计算
				基础形式	基础尺寸（mm）	基础埋深（m）		
主楼	框-剪	23F	9	桩基	1200	20.0	5层	是
裙房	框-剪	8F	6	桩基	850	19.0	5层	是
地下车库	框架	地下5F	9	桩基	850	19.0	5层	是

工程周边建筑性质及参数表　　　　　表 3-3

建筑名称	保护等级	与基坑最近距离	地下室	基础形式	地下室埋深	上部结构形式
东风饭店	国家级	2.5m	地下一层	筏板基础下木桩		5层混合结构
中山东一路4号	市级	3.8m	局部一层地下室	肋梁式片筏基础	2.1m	7层钢框架结构
上勘院大楼	市级	5.6m	局部一层地下室	桩筏基础	2.6m	7层钢筋混凝土框架结构
广东路51号	市级	1m	无地下室	钢筋混凝土条形基础和独立基础下设木桩		7层钢筋混凝土框架结构
亚细亚大楼	国家级	20m	半地下室及人防工程	钢筋混凝土片筏基础		7层钢筋混凝土框架结构
联谊大厦		0.6m	地下一层	桩筏基础，钢管桩桩长55m	6.5m	30层钢筋混凝土框剪结构
高登金融中心		5.1m	地下三层	桩基础	8.6m	16层钢筋混凝土框剪结构

根据地质勘探报告提供的结果分析：

1）③层及③夹层为粉质黏土及黏质粉土，平均厚度达 4.9m，渗透系数 7.58E-05～1.22E-04，含水量大，密实度为松散，对地下墙成槽施工槽壁的稳定会产生很大影响。

2）③层和③夹层中的粉性土夹层在动水条件下可能产生流砂现象。

本工程中，地下连续墙进入第五层黏土，灌注桩进入第七层土，因此对地下水的深度和影响应作充分的考虑和应对。

工程地下连续墙较深，施工质量要求较高，给施工增加一定的难度，同时地下墙既作为基坑开挖过程中挡土止水围护结构，又作为地下室结构外墙，因此施工中须控制好其垂直度和接头施工质量，并要严格控制地下墙施工标高，以确保与地下室结构顶板、楼板、底板的钢筋连接器标高符合设计要求。

工程工期较紧，基坑周边施工场地较小，故施工前必须确定合理的施工场地临设布置及施工安排，确保施工时不影响进度要求。工程地处市中心繁华地段，因此在做好文明施工的同时，场地周边应围墙封闭，加强对周边历史建筑和重要管线的保护，并做好监测。

工程地质复杂，基础穿越不同土层达 10 层以上。地下③层及③夹层为粉质黏土及黏质粉土，平均厚度达 4.9m，渗透系数 7.58E-05～1.22E-04，含水量大，密实度为松散，对地下墙成槽施工槽壁的稳定会产生很大影响。所以在地墙两侧进行三轴深层搅拌桩加固，以保证槽壁的稳定。另场地第①层多为杂填土，厚度 1～2m，表层含大量碎砖、碎石等，局部上部为混凝土路面，下部有时会遇到老建筑的基础，给施工带来了一定的难度。

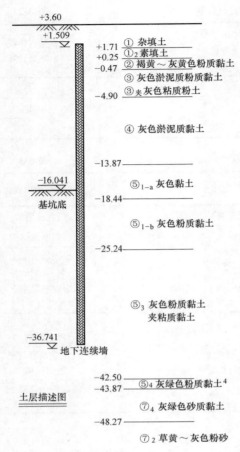

图 3-18　土层地质分布图

土层描述图中标注如下：

+3.60
+1.509
+1.71　① 杂填土
+0.25　① 素填土
-0.47　② 褐黄～灰黄色粉质黏土
　　　　③ 灰色淤泥质粉质黏土
-4.90　③ 夹灰色粘质粉土
　　　　④ 灰色淤泥质黏土
-13.87
-16.041 基坑底　⑤₁-a 灰色黏土
-18.44
　　　　⑤₁-b 灰色粉质黏土
-25.24
　　　　⑤₃ 灰色粉质黏土夹粘质黏土
-36.741 地下连续墙
-42.50　⑤₄ 灰绿色粉质黏土⁴
-43.87　⑦₁ 灰绿色砂质黏土
-48.27　⑦₂ 草黄～灰色粉砂

所以在施工前，先将施工区域的表土刨开，凿除老基础，并削去场地内的表层土约 600mm 后再浇筑施工道路。使场地内标高接近±0.00，这样既能满足导墙的施工要求，又为后续的地下室结构施工创造了便利条件。

（2）双向同步逆作施工组织

1）工程施工组织的总体安排

① 在基坑支护设计阶段，应对照建设单位或有关部门提供的周边保护建筑与周边地下管线资料，做好充分的调查取证工作，以制定相应保护措施。

其中，对周边历史保护建筑应走访有关房管局、文管会等单位，摸清建筑保护等级、建造年代、结构形式（主要是基础形式）、目前使用状况，并做好原始情况的记录（相片等资料）；

对分布于外围周边道路地下管线，应走访有关单位，调查清楚各类管线性质、管线走向、相对地下连续墙的距离、埋深、材料、壁厚以及接头的方式，以作为制定基坑支护设计与施工方案的依据。

在基坑工程施工期间，应由专业监测单位负责，对基坑周边建筑、道路、地下管线等进行监测。在施工过程中必须按设计及施工要求设置好监测点，做好信息化施工的每一项工作，以便在出现紧急情况时，及时采取有效的控制与应急措施。

② 在进场后首先进行工程总体定位、测量控制网的建立以及场地平整工作，按照基坑支护设计要求的标高进行场地平整。

③ 按照设计进度，并充分结合工程场地条件，以控制施工对周边环境的影响并减少各分项工程施工间的相互影响为目的，按"双向同步"制定如下施工安排：

A. 先施工主楼与景观区域之间临时隔断墙灌注桩与墙侧三轴水泥土搅拌桩止水帷幕。

B. 在临时隔断墙施工完后，进行地下连续墙三轴搅拌桩（靠联谊大厦一侧局部为低掺量旋喷桩）槽壁加固施工，并穿插施工各区地下连续墙；

C. 地下连续墙的施工时先施工四川中路、广东路侧以及南侧地下连续墙，即先完成主楼区域地下连续墙后，再施工景观区域地下连续墙；在施工景观区域地下连续墙时，投入部分设备，穿插进行主楼区域工程桩（立柱桩）施工，在景观区域地下连续墙完成后，场地条件具备后，再投入全部设备集中施工工程桩（立柱桩）；

D. 在工程桩施工期间，视场地条件，跟随工程桩施工，穿插进行坑内加固（三轴搅拌桩）施工，也是先施工主楼区域，再施工景观区域；各区域的坑内加固搅拌桩施工完成后，可安排地墙槽壁加固搅拌桩与坑内加固搅拌桩之间的压密注浆施工；

E. 在坑内加固搅拌桩施工即将完成的后期，穿插疏干井与减压井（观测井）钻孔成井作业；在基坑开挖前，进行疏干井预抽水，每区预抽水应提前在基坑开挖前15天左右进行。

④ 在基坑降水准备开挖的同时，完成保护广东路一侧220kV电缆箱涵的树根桩施工。

⑤ 根据基坑围护设计工况，加快主楼区域施工进度，原则上先开挖施工主楼区域结构，再开挖施工景观区域结构，总体开挖施工流向由西向东进行。同时结合场地条件，为便于施工场地布置，为后期施工及早创造施工所需道路、材料堆场，准备在基坑预降水后期，先穿插施工主楼区域B0梁板（顶板）与景观区域的第一道混凝土支撑结构（包括栈桥板），在达到设计强度后，进行第一层逆作开挖，由西向东先主楼区后景观区的流向，并及时浇筑B1梁板结构。

⑥ 在B1梁板完成后，进入第二层逆作开挖，同样按先主楼区再景观区的流向进行挖土与对应B2梁板结构施工。在完成B2梁板结构后，为减小基坑变形，并确保主楼施工进度，先进行主楼B3梁板开挖与结构施工，景观区域可根据作业条件跟随其后进行施工。

⑦ 在主楼区域向下开挖浇筑完-15.700m混凝土支撑后，可以施工主楼区域B4梁板结构（架设临时钢支撑），待临时混凝土支撑达到设计强度后，可开挖施工景观区域对应的B3梁板结构，同时主楼区域开挖施工底板，待主楼区域底板结构达到设计强度后，可开挖施工景观区域对应的B4梁板结构，待达到设计强度后，再开挖施工对应的底板结构。

⑧ 根据围护设计工况，主楼区域上部结构安排在所对应的B3梁板结构全部完成后开始向上施工，并按照在主楼区域底板结构完成时上部结构能够完成5层的计划组织施工。其中，为保证上部结构能够向上施工，在主楼区域结构逆作施工时，按框架结构做法，核心筒剪力墙周边结构梁直接通过核心筒区域（在设计剪力墙位置上下预留插筋），在上部结构剪力墙同时施工。同时对核心筒剪力墙内对应地下钢立柱而设置的型钢柱部位完成外包混凝土形成劲性结构柱。在主楼区域底板结构完成后，由地下五层开始向上浇筑各层钢立柱与电梯井区域剪力墙结构（外包混凝土）。

⑨ 西北副楼地下车道区域采用逆作法，施工方法同主楼一致。

2）结构工程总体施工流程

工况一：

主楼（含裙房）开挖至B0板梁底以下500mm，施工B0板；B0板养护；开挖主楼第二层土，如图3-19所示。

工况四：

① 主楼（裙房）B2板施工及养护

② 景观区域开挖第三层土，如图3-20所示。

工况五：

① 主楼（裙房）挖第四层土

② 景观区域B2板施工及养护，如图3-21所示。

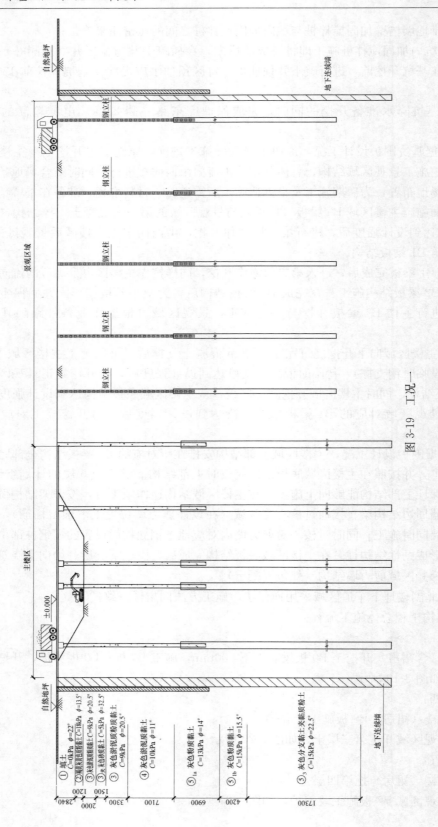

图 3-19　工况一

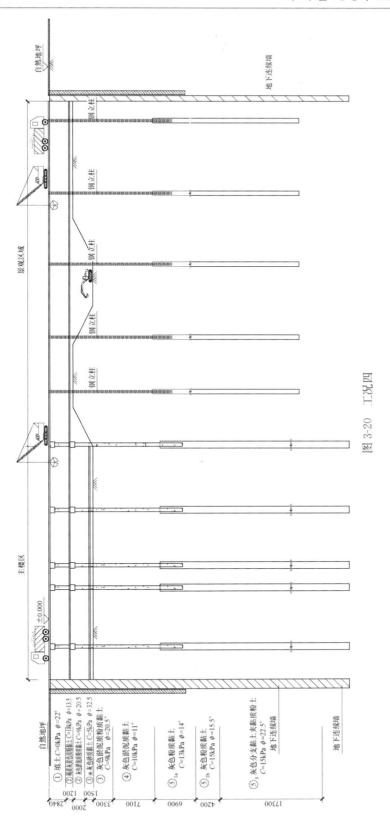

图 3-20 工况四

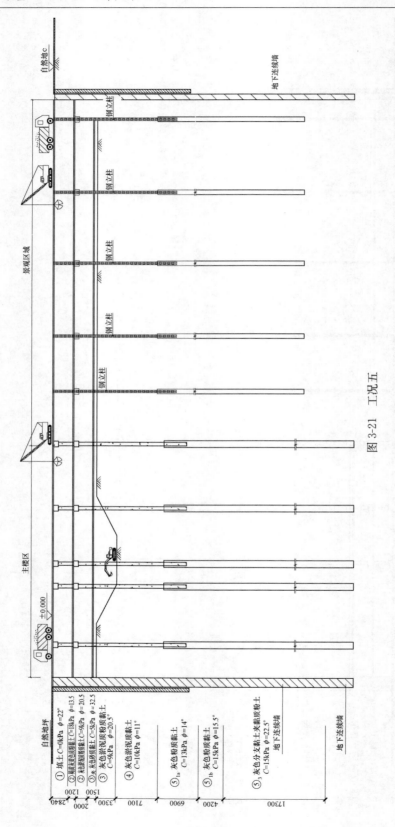

图 3-21 工况五

工况六：

① 主楼（裙房）B3 板施工及养护

② 景观区域开挖第四层土

③ 上部施工 2 F 层，如图 3-22 所示。

工况九：

① 主楼（裙房）开挖第六层土

② 景观区域 B4 板施工及养护

③ 施工上部结构 6 F 层，如图 3-23 所示。

工况十：

① 主楼（裙房）底板施工及养护

② 景观区域开挖第 6 层土

③ 施工上部结构 8 F 层，如图 3-24 所示。

工况十一：

① 景观区域底板施工及养护

② 施工上部结构 12 F 层，如图 3-25 所示。

（3）基坑工程中的越层施工

本工程结构施工的主要流程如下，鉴于工程实际施工的差异，在实际施工中，首次挖土深度为 7m，直接挖至了地下二层，施工工况与设计工况存在一定区别，因而需要对越层开挖情况作工况分析。

（4）逆作法施工中的环境影响分析与保护措施

1）加强围护体的厚度及入土深度。

2）水平支撑体系采用刚度大的主体结构梁板替代钢筋混凝土支撑或钢支撑。

3）为确保地下室施工期间相邻建筑物的结构安全及周边环境的稳定，避免近代优秀历史建筑的损坏，工程采用三轴水泥土搅拌桩对坑内被动区土体进行加固，以提高被动区土压力，减小围护结构变形。

4）设置地下连续墙与保护建筑之间的隔离措施。

5）土方开挖时严格运用时空效应规律，并严格遵循"抽条、对称"开挖，"随挖随捣垫层"的原则。

6）设置保护建筑的沉降观测点。

经过以上设计和施工上的相关措施，外滩 191 基坑在施工开挖中有效控制了基坑的变形和周边环境的变形。在基坑从开挖到底板完成这个阶段，周边保护性建筑的变形基本在控制范围内，周边管线和地表沉降除个别点达到警报值外，基本控制在预计范围之内，这些设计和施工措施取得了明显的效果。

4. 工程应用效果

根据计算，东风饭店紧靠外滩 191 基坑一侧沉降最大值约为 7mm，靠近外滩通道基坑一侧最大沉降值约为 14mm，整个建筑中部沉降较小。实测数据中，靠近外滩通道一侧最大沉降达到 26.5mm。靠近外滩 191 项目基坑一侧最大沉降约 3.7mm。由实测值可以看到东风饭店沉降变形在外滩 191 基坑主裙楼底板完成、外滩通道完成底板，最大沉降约

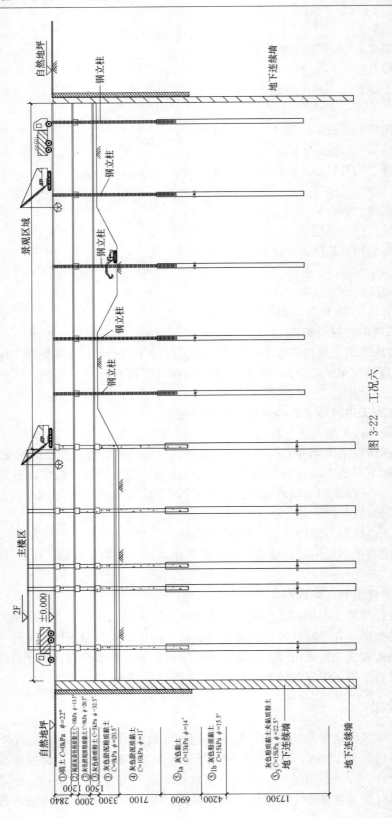

图 3-22　工况六

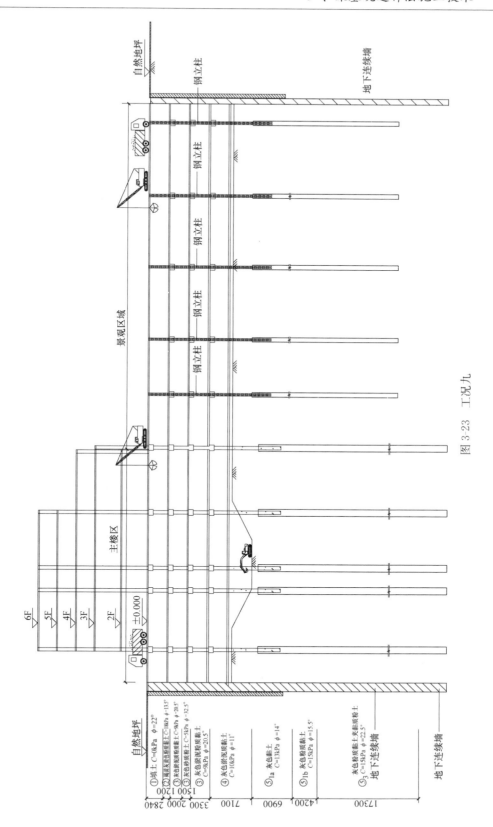

图 3-23　工况九

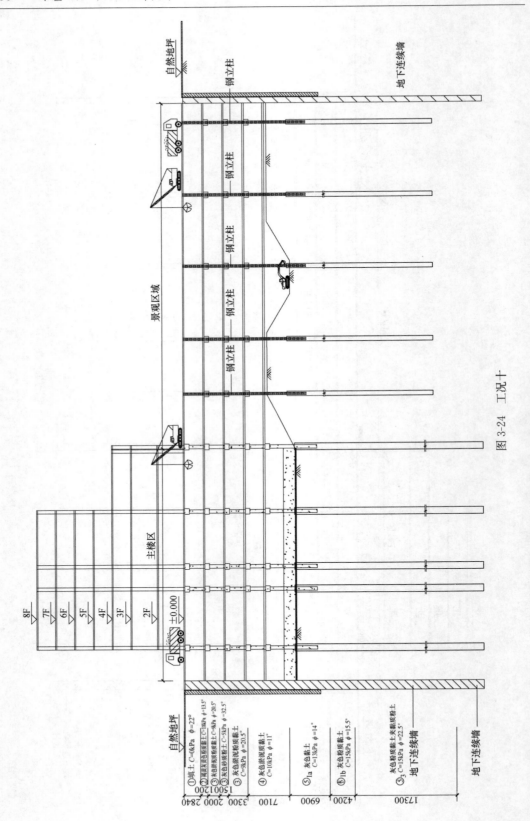

图 3-24　工况十

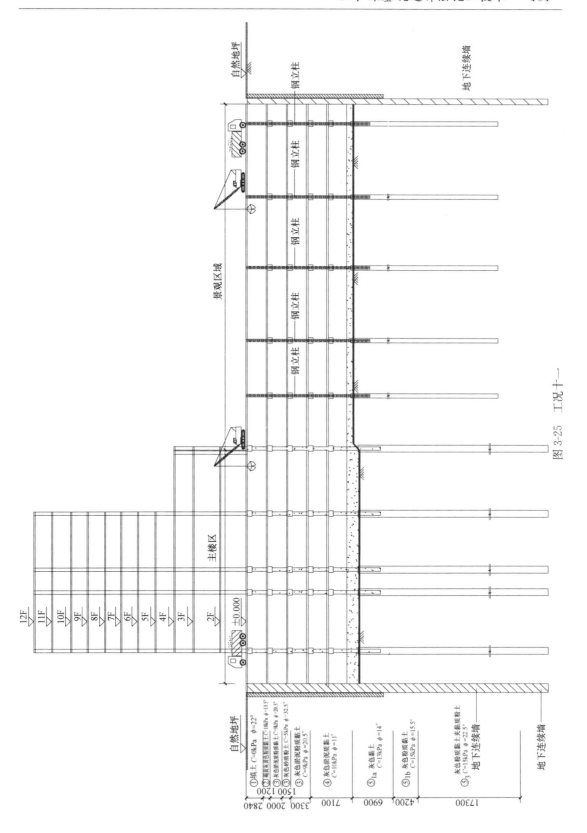

图 3-25 工况十一

为 16.3mm。后期沉降增大主要集中在外滩通道结构施工阶段。

结合实测数据和计算值可以看到，无论是计算还是实测值，外滩 191 项目基坑在开挖阶段对东风饭店的保护措施起到了预期效果，东风饭店这一侧沉降较小。

采用二维平面有限元法进行基坑开挖的模拟分析，可以比较准确的预计基坑本身及周边土体和建筑的变形情况，但计算结果与实际施工工况的复杂程度、工况搭接方法等因素有关，特别是受时空效应影响，计算的结果往往偏大。在上海软土地区，基坑开挖模拟采用硬化土模型可以较好地反映土体开挖后回弹模量与压缩模量的差异。如果可以在基坑开挖阶段将实测值反馈给计算模型，对模型不断进行修正，可以得到更精确的模拟效果。

（六）超大型基坑工程踏步式逆作施工技术

1. 工程概况

上海莘庄龙之梦购物广场位于上海市莘庄镇，东临沪闵公路、西至莘东路、南依莘建路、北接莘松路。由一幢 4 层大型购物中心与一幢 32 层酒店综合楼组成，其中购物中心呈"L"型与综合楼对角呼应，综合楼建筑高度 170.5m。该工程总建筑面积为 197828m²（其中地上部分为 91593m²，地下部分为 106235m²），地下结构 4 层，各层楼面标高为 -0.07m、-6.07m、-11.55m、-15.05m、-18.60m。基坑呈方形，南北宽约 160m，东西长约 167m，占地面积约为 26000m²，开挖深度 19.8m，土方开挖总量达到 50 万 m³以上。

建设方要求地下室及购物中心结构于 2010 年上海世博会召开前完工，为期 13 个月，工期十分紧张，若采用常规的逆作法或顺作法施工均难以满足工期节点要求，通过多种方案的对比分析，最终采用了踏步式逆作施工方案。

2. 施工工艺原理

踏步式逆作施工以顺逆结合为主导思想，其中周边若干跨楼板采用逆作法踏步式自上至下施工，余下的中心区域待地下室底板施工完成后逐层向上顺作，并与周边逆作结构衔接完成整个地下室结构施工。

该工艺的特点是采用由上而下逐层加宽的踏步式逆作结构作为基坑的水平支护体系，形成中心区大面积敞开式的盆状半逆作基坑，改善了逆作施工作业环境；提供了踏步式逆作施工作业面，且作业面不受地下结构层高的限制，为土方施工创造了有利条件，进而提高挖土施工工效；结合逆作岛式土方开挖技术，即相当于在中心区设置一层反压土，限制了坑内土体隆起和坑外土体沉降，有效地控制了基坑变形和对周边环境的影响。

3. 关键施工技术及实施

踏步式逆作施工的关键施工技术为踏步式逆作支护技术、土方施工技术及立体化作业面施工技术，这三者相辅相成，以达到基坑施工安全、高效、经济性好及周围环境影响小的目的。典型的踏步式逆作基坑三维模型图如图 3-26 所示。

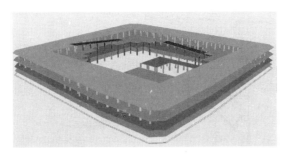

图 3-26　踏步式逆作基坑三维模型图

(1) 踏步式逆作支护技术

踏步式逆作支护技术是采用由上而下逐层加宽的踏步式逆作结构作为基坑的水平支护体系，符合基坑水土压力上小下大的规律，同时形成中心区大面积敞开式的盆状半逆作基坑，与以往逆作法施工相比，减少了上层逆作区域对下层逆作区域的覆盖，改善了逆作区施工的作业环境。

为了进一步发挥踏步式逆作支护体系的优势，最大限度地减少逆作区域面积，采用将踏步式逆作结构与加强撑组合共同作为基坑的水平支护体系，以达到逆作楼板区域最小化与基坑安全稳定的最佳组合。其中，加强撑可采用斜撑或内嵌环梁的形式。同时不难发现，由于踏步式逆作水平支护位于周边逆作区，即支承立柱均分布在坑内土体隆起的平缓区，因此，踏步式逆作支护技术对控制立柱差异沉降亦非常有利。

周边逆作楼板结构的跨数与加强撑的截面，应根据基坑实际情况计算分析确定，计算分析中应结合地下室结构与挖土工况进行全过程分析，以确定最佳的基坑支护体系。莘庄龙之梦购物广场工程各层支护体系如图 3-27 及图 3-28 所示。

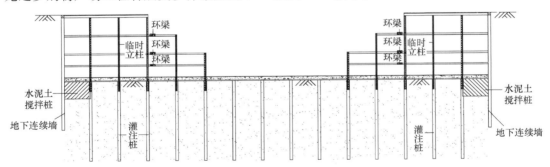

图 3-27　莘庄龙之梦购物广场基坑支护剖面图

其中首层采用周边 3 跨逆作楼板作水平支护，由于地下室一层层高为 6m，土方挖深近 8m，故对逆作楼板采用临时钢筋混凝土斜撑加强，以控制 B1 层逆作结构完成前的土方施工期间首层楼板及围护体的变形。斜撑支撑在逆作楼板 1/3 跨处，与楼板结构同期浇筑，同时以 10m 的间距设置支承格构柱。临时斜撑在地下一层周边逆作楼板结构达到设计强度后予以拆除。

B1 层水平支护采用 4 跨逆作楼板加内嵌环梁、B2 及 B3 层为 5 跨逆作楼板加内嵌环梁，整体上形成踏步式的半逆作基坑形式。内嵌环梁为完整圆形，具有良好的轴向受压性能，充分发挥拱效应原理进行基坑支护。为了方便后期拆除工作，环梁做成上翻梁的形

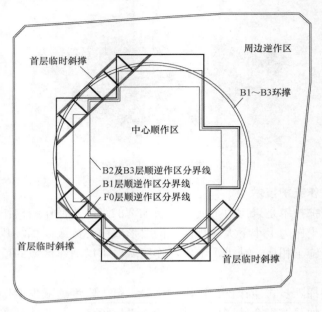

图 3-28 莘庄龙之梦购物广场基坑支护平面图

式，与楼板结构同期浇筑，楼板上下层钢筋应在环梁处拉通，不得断开。环梁在后期该层中心区结构顺作施工完成并达到设计强度后方可拆除。

（2）土方施工技术

踏步式逆作法分为中心顺作区和周边逆作区，其中逆作区范围由上往下逐渐加大，土方施工总体流程为先开挖周边逆作区土方，再开挖中心顺作区土方。

针对踏步式逆作基坑支护的特点，采用逆作岛式开挖技术，即由上至下先行开挖各层逆作区土方，并随即完成该层的逆作结构，待逆作区结构施工完成后再开挖上层中心区土方，形成中心顺作区土方开挖始终比周边逆作区延迟一层的施工工况，以此循环直至开挖至坑底周边逆作区土方并完成逆作区底板结构，最后挖除中心顺作区底层土，如图 3-29所示。逆作岛式开挖技术相当于在中心区设置了一层反压土，限制了坑内土体隆起和坑外土体沉降，进而控制了对围护结构和周边环境的影响。

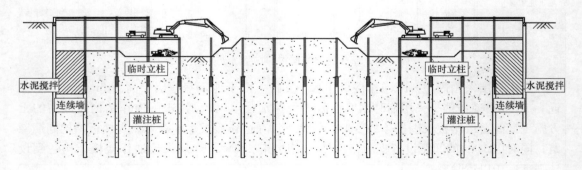

图 3-29 逆作岛式开挖示意

采用踏步式逆作施工技术的基坑一般周边逆作区范围较大，土方需分块开挖，施工中采用先施工角部区域后施工跨中区域的施工流程，待周边逆作结构施工完成后再开挖中心区土方。

莘庄龙之梦购物广场基坑工程施工中，周边逆作区土方平面分块挖土顺序遵循对角对称施工、对边对称施工的原则，将周边逆作区平面上分为8个部分，其中4块为角区域、4块为跨中区域，采用先角后中的顺序，逆作区土方开挖顺序如图3-30所示。

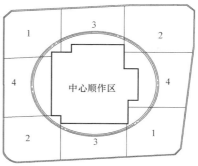

需要注意的是，中心顺作区留土应按规定放坡，同时做好基坑的排水工作，防止雨季期间雨量过大时在逆作区域积水过多。

图 3-30　逆作区挖土分区图

（3）立体化作业面施工技术

立体化作业面主要是通过踏步式挖土栈桥、下坑挖土栈桥、坑内挖土平台等挖土设施来实现的。其中，踏步式挖土栈桥是利用周边逆作结构作为土方施工作业面，其特点是作业面设置在坑内，且上方无结构覆盖；下坑挖土栈桥则是架设在踏步式逆作结构上、下两层之间的行驶通道，实现土方机械由首层结构到达挖土施工作业面层；坑内挖土平台是利用地下室永久梁板结构设置在坑内挖土操作平台，配合踏步式挖土栈桥，使坑中、坑边多个挖土作业面同步开挖施工，且只需要常规机械即可进行挖土作业。踏步式挖土栈桥、下坑挖土栈桥、坑内挖土平台共同形成的立体化作业面，大大加快了土方出土速度，并为地下室结构施工提供了便捷。

莘庄龙之梦购物广场基坑工程中，在F0层～B1层及B1～B2层设置了下坑栈桥，并在B2层中心区利用永久结构设置了16.8m×25.2m坑内挖土平台与B2层楼板结构相连，施工现场如图3-31、3-32所示。

图 3-31　施工现场一

图 3-32　施工现场二

图3-31中为F0层及B1层周边逆作结构及第一道下坑栈桥施工完成，第三层土方开挖施工阶段，中心区留土使得土方车能行驶至基坑内部装车运土，同时B1层增加的楼板结构处也可作为挖机取土平台，直接挖取逆作区驳运至的土方。

图3-32为B2层逆作楼板及坑内挖土平台施工完成，部分B3层逆作楼板施工阶段。此时土方车可通过两道下坑挖土栈桥行驶到基坑内，装车运土。剩余的各层土方均以坑内

挖土平台及 B2 层楼面结构作为取土平台出土。坑内挖土平台在后期施工期间亦可起到材料临时堆放和施工平台的作用。

立体化作业面应根据基坑实际情况做好总体衔接设计，特别是要制定好施工期间重车在逆作区结构范围的行驶路线，对结构设计进行加固处理，同时应采取措施保证下坑挖土栈桥及坑内挖土平台下支承立柱的稳定性。土方车下坑后应按规定的路线限速行驶，并注意不能与支承柱发生擦碰。

4. 工程应用效果

莘庄龙之梦购物广场基坑工程采用了踏步式逆作施工技术施工，在改善逆作施工环境、提高挖土施工工效、周边环境影响控制方面均取得了成功，并具有良好的经济和社会效益。

（1）逆作环境好：形成中心 7500m² 的顺作区，减少通风照明设备投入 80%；

（2）出土效率高：出土方量平均 3500m³/天，最快时出土方量达 6000m³/天，地下室施工总工期较常规逆作法施工缩减 4 个月；

（3）变形控制佳：地下室底板完成后，地墙最大倾斜为 39.2mm，支承立柱的最大隆沉为 6.10mm，最大不均匀沉降为 4.5mm；

（4）经济效益：较传统逆作施工减少中心区立柱投入量 30%；节省了中心区各层结构混凝土垫层；逆作环境大为改善，减少通风照明设备的投入；

（5）社会效益：节约工程材料、节约能耗，符合绿色低碳理念；缩减地下室施工总工期，减小了基坑施工对周边环境的时效影响。

思 考 题

1. 比较深基坑逆作法与顺作法施工工艺并简述逆作法在深基坑施工中的优势。
2. 简述深基坑逆作法的分类及特点。
3. 简述深基坑逆作法的施工原理与施工工艺。
4. 深基坑逆作法的方案选型包括哪几个部分？
5. 简要介绍深基坑逆作法施工过程中的关键技术及其施工要求。
6. 简要分析框架逆作法、高层建筑双向同步逆作法以及超大型基坑工程踏步式逆作法工艺特点。

四、临近保护建（构）筑物深基坑施工系列防护技术

（一）自适应支撑系统应用技术

1. 概述

（1）发展背景

随着城市的飞速发展，基坑工程越来越趋向于大规模化和大深度化，在城市中心建设地铁或在地铁沿线建设大型商业项目，会带来良好的经济效益，但此类工程往往周边环境复杂，且施工多以明挖顺作法为主，若不对深基坑施工进行严格的变形控制，会对临近建筑、管网、道路造成严重的影响，甚至发生支撑失效、基坑塌方的严重事故。

深基坑施工通常采用内支撑方式，在上海最常用的是 ϕ609 钢管支撑，接头一般采用活络头，用千斤顶预加轴力并插钢楔，这种支撑施工简便、组装方便、施工快速、可反复使用，被广泛应用于长条形基坑中。钢支撑体系经过拼装、架设和施加预应力等工序完成安装工作。应力大小根据设计要求取值。伴随着基坑的进一步开挖，钢支撑轴力会逐步增大，一定程度上抵抗着基坑侧向变形的发展。

但是，钢支撑体系存在以下问题：

1）钢支撑的轴力损失

由于温度的变化、钢支撑自身的应力松弛和钢楔块的塑性变形等因素，钢支撑的轴力会出现损失，对基坑变形控制造成不利。

2）轴力下降过头而出现墙体的新的变形

常规的支撑体系很难对某些钢支撑在需要适当释放或降低部分轴力时进行操作，轴力释放或降低的精度控制难，往往操作不当会导致轴力下降过头而出现墙体新的变形。

3）采用人工间断控制无法满足深基坑变形控制要求

针对以上问题，传统钢支撑需要复加预应力来弥补钢支撑的轴力损失，但是所采用的支撑轴力补偿装置都是通过人工间断的支撑轴力监测数据或监测基坑变形来做出调整，这样势必会造成工作量增加且不能及时反映基坑变形，支撑轴力调整相对滞后不能满足深基坑施工苛刻变形的控制要求。

深基坑开挖施工时，支撑轴力补偿越及时，控制变形的效果越好。在地下铁道车站、高层建筑基坑等需要围护工程的施工领域，引入信息化施工的概念，即在施工时，进行全天候实时监控支护体系状态，使基坑施工始终处于受控状态，及时发现并处理问题，就可以最大限度地确保工程质量和施工安全。

（2）智能补偿控制钢支撑自适应轴力补偿系统

结合深基坑工程钢支撑施工实践，针对钢支撑的缺陷，工程人员采用智能补偿控制保持液压油缸压力的先进技术，设计了钢支撑自适应轴力补偿系统，并在基坑工程中得到应用。该系统有效提高了支撑轴力监测的精度，采用智能检测系统，当检测数据发生正常情况时在设定范围内可自动补偿，发生特殊情况以短信的方式告知相关人员及时调整相关参数。系统具有远程查看功能及视频功能，所有数据实时共享。起到了监测、数据传输、实时补偿、实时通讯、实时管理功能，保证了基坑施工的安全稳定。

通过创新研制的自适应支撑系统，将传统支撑技术与液压动力控制系统、可视化监控系统等结合起来，实现了对钢支撑轴力的监测和控制，24h 不间断数据传输，解决常规施工方法无法控制的苛刻变形要求和技术难题，使工程始终处于可控和可知的状态，对变形要求严格的地铁或临近地铁的工程具有重要意义。

自适应支撑系统具有精度高、安全、可靠、性能稳定、操作方便、维护方便等特点。与传统钢支撑相比，自适应支撑系统可以有效控制地连墙的最大变形及最大变化速率，完全能够保证地连墙最大累计变形值在 20.0mm 以内；自适应支撑系统可以有效控制邻近地铁等重要建（构）筑物的变形。基坑使用自适应系统的道数越多，控制基坑地连墙水平位移变形的能力越强，控制变形的效果越佳。可以有效防止和杜绝深基坑施工由于支撑等各种因素引起的施工事故，确保施工安全。施工中，做到随挖、随撑和随补，可以极大提高控制效果，减少位移变形。

（3）应用现状与前景

目前，自适应支撑系统已成功应用于南京西路 1788 号基坑工程、淮海路 3 号地块基坑工程、四川北路 178 号地块基坑工程，苏州地铁 4 号线观前街站等工程，对控制基坑及邻近地铁的变形起到了非常重要的作用，为地铁运行线安全正常运行提供了有力保障。

随着城市地下空间的进一步开发，深基坑施工钢支撑轴力自适应支撑系统在今后必将得到更广泛的应用。

2. 自适应支撑系统技术介绍

（1）系统概述

自适应支撑系统是结合了现代机电液一体化自动控制技术、计算机信息处理技术以及可视化监控系统等高新技术手段，对支撑轴力进行全天候不间断监测，并根据高精度传感器所测参数值对支撑轴力进行适时的自动或手动补偿来达到控制基坑变形目的的支撑系统。适用于距离地铁运营线较近的基坑工程，周边有保护建筑的基坑工程，其他对变形控制要求严格的基坑工程。

（2）系统构成

1）总体结构，如图 4-1 所示。

如图 4-1 所示，该自适应支撑系统主要有以下设备组成：

1 监控站、2 操作站、3 现场控制站、4 液压系统、5 总线系统、6 配电系统、7 通信系统、8 移动诊断系统、9 千斤顶、10 液压站接线盒装置等组成。

2）系统介绍

①"树状即插分布式模块结构、多重安保体系"系统

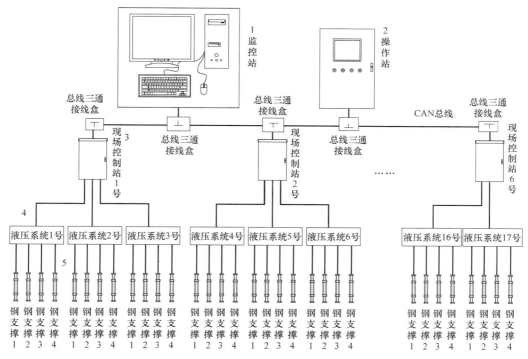

图 4-1　自适应支撑系统总体结构

"树状即插分布式模块结构、多重安保体系"系统针对建筑深基坑施工的工艺及基坑的变形规律和基坑边管线建筑物的保护要求，尤其对基坑边运行地铁生命线的苛刻保护要求，将机电液比例控制技术、PLC 电气自动控制技术、总线通信技术以及现代 HMI 人机界面智能技术和计算机数据处理技术等多项现代高科技技术有机集成起来，创新的开发了具有高技术含量且能有效控制和减少建筑深基坑施工引起的基坑变形的深基坑施工钢支撑轴力自适应实时补偿与监控系统。

② 树状即插分布式模块结构原理

A. 树状即插分布式模块结构示意图

下图 4-2 为树状即插分布式模块结构示意图。

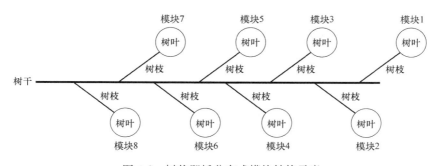

图 4-2　树状即插分布式模块结构示意

B. 结构图说明

a. 树干——表示 CAN 总线主干；树枝——表示 CAN 总线分枝；树叶——表示各系

统模块。

　　b. 图中表示的 8 个模块，其中 6 个是现场控制站，1 个是操作站，1 个是监控站，它们之间的位置根据工地现场的条件可以自由更换，即拔、即插、即用，非常方便。

　　树枝与树干的连接也具有即拔、即插、即用的功能，同样方便。

　　c. 8 个模块可以自由增减，或可表述为在线或不在线，不在线的模块不会影响其他模块发挥作用。

　　d. 8 个模块、总线主干、总线分枝像一棵树一样沿工地现场的长条形基坑分布在基坑边实现钢支撑轴力的自适应实时补偿。

　　e. 6 个现场控制站模块下面还有 18 个液压系统模块，每个现场控制站模块下面分配有 3 个液压系统模块，同样也可以自由增减而不影响互相间的使用。这里图 4.2 中未表示液压系统模块。

　　3）系统组成

　　根据自适应支撑系统各组成部分功能特点的不同，分为以下三个系统：液压动力控制系统、钢支撑轴力补偿执行系统、电气与监控系统。

　　① 液压动力控制系统

　　自适应支撑系统的液压伺服系统设计采用了液压集成、高精度压力实时检测、比例自动调节、闭环控制等先进技术，使液压伺服系统具有动力大、功能强、控制精度高、响应速度快且安全可靠无泄漏等显著特点。

　　② 钢支撑轴力补偿执行系统

　　钢支撑轴力补偿执行系统主要由钢箱体、钢支架平台和千斤顶组成。

　　A. 钢箱体

　　一方面起到固定千斤顶的作用；另一方面也作为钢支撑的有效组成结构，当千斤顶出现故障需要置换时，通过增加垫块使钢箱体承受着钢支撑的所有荷载。

　　B. 钢支架平台

　　与地下连续墙预埋钢板焊牢，用于固定钢箱体平台。

　　C. 千斤顶

　　千斤顶结构是分体式带机械锁保险装置的增压油缸，具有自动调平功能，在 $0°\sim20°$ 范围内实现自动调平。

　　本装置属于自适应支撑系统的支座节点装置，通过底部圆弧形支座固定大吨位千斤顶，千斤顶的一端与钢箱体端头封板接触，另一端与地连墙内的预埋钢板抵紧。千斤顶施加预应力后，钢支撑必然会产生轴向位移，此时本端头节点装置可以沿钢支撑轴线方向自由滑移，直至达到理想位置。

　　③ 电气与监控系统

　　电气与监控系统采用 DCS 系统，由监控站、操作站、现场控制站、钢支撑液压站电气系统、总线通信系统和移动诊断系统等组成。现场控制站靠近基坑边一字排开，每隔一段间距设置一个，分别控制 3 个泵站（液压系统），每个泵站可控制 4 个钢支撑。各个站点通过 CAN 总线实现数据采集及发送控制指令。

　　A. 监控站

　　全面监控所有泵站的实时运行情况，运行参数设定（设定压力等），并可对运行数据

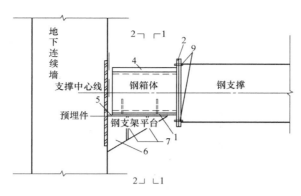

图 4-3　钢支撑轴力补偿执行装置结构示意

（主要为压力）进行实时采集、存储和输出。

B. 操作站

实现现场的各单独泵站的实时运行情况的监控和运行参数设定（设定压力等）；以及实现现场所有的存在故障的泵站的故障集中显示界面。

C. 现场控制站

可采集 12 个钢支撑的运行数据（如压力、液位等），通过 CAN 总线传送至监控站和操作站，并接受监控站和操作站的控制指令，分别控制 12 个钢支撑的压力调节，伸缩动作、液压泵起停等。

D. 钢支撑液压站电气系统

主要由钢管主体结构，轴力自动补偿装置组成，由现场控制站控制其伸缩动作、设定压力等，并通过检测元件（如压力传感器）将运行信息反馈到现场控制站。

E. 总线通信系统

数据通信系统是自适应支撑系统数据采集和控制指令发送的桥梁，采用 CAN 总线来实现数据采集和控制指令发送，站与站之间采用方便的接插件技术并赋以新型可靠的稳定技术，确保数据传输可靠、安全，同时满足了工地现场的方便使用。下图 4-4 为总线数据通信系统结构示意图。

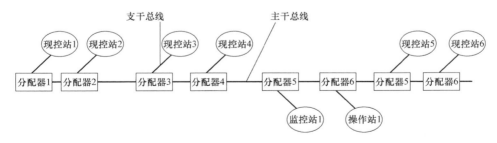

图 4-4　总线数据通信系统结构示意

F. 移动诊断系统

自适应支撑系统的移动诊断系统设计采用了 HMI（人机界面）技术、通用总线技术、直驱式实时调控技术、在线热插拔技术等，使自适应支撑系统具备了现场的故障诊断和应急处理功能，并可相对独立的对每个控制柜或每个泵站进行分别操作与控制，使集散控制的思想在这套系统中得以充分实现。下图 4-5 为智能移动诊断系统实体图。

④ 设备技术参数，见表 4-1。

图 4-5 智能移动诊断系统站实体图

设备技术参数 表 4-1

序号	项目	单位	参数
1	供电电压	V	380、220、24
2	响应精度	%	95
3	响应速度	S	2
4	系统工作压力	MPa	28
5	最大工作压力	MPa	35
6	千斤顶最大推力(个)	t	300
7	伺服泵站系统流量(个)	L/min	2.34
8	伺服泵站系统电动机功率(个)	kW	1.5

⑤ 主要技术特点

A. 自适应系统总体工艺设计采用树状结构，更贴近、更适合地铁边长条形基坑的结构特点，便于现场布置和使用；

B. 自适应系统总体工艺设计采用模块结构，便于现场维护和使用，控制精度高；

C. 自适应系统总体工艺设计采用即插分布式结构，也便于现场维护和使用，也更适合基坑边设备的布设和移植；

D. 自适应系统总体工艺设计采用了多重安保体系，大大提高了系统运行的可靠性、安全性，确保建筑深基坑开挖施工所引起的基坑变形控制效果，从而确保运行中地铁生命线等管线建筑物的安全；

E. 由于自适应系统设计采用了冗余设计，所以系统的工作能力强，适应能力强，可以应用在各种轴力范围、各种深度大小和各种支撑数量并要求钢支撑轴力需要实时补偿的建筑深基坑工程中；

F. 系统对钢支撑轴力实时补偿的能力强、精度高、速度快，响应精度达 95% 以上；响应时间缩短至 2 秒；

G. 设计并配置了基于移动诊断技术的多功能移动诊断控制箱，在中央监控系统（监控站）或操作站或现场控制站等模块通信失效的情况下能实现故障单元的轴力自动补偿和故障诊断；在控制模块硬件故障情况下能实现故障单元的轴力手动补偿。提高了系统的应急处理能力，从而大大增加了系统的安全性和可靠性；

H. 现场控制站、多功能移动诊断控制箱等都采用了 HMI 人机界面智能控制技术，使操作简单，使用十分方便；

I. 自适应系统采用 CAN 总线来实现数据采集和控制指令发送，站与站之间采用方便的接插件技术并赋以新型可靠的稳定技术，包括如①高性能的总线拓扑结构技术；②方便实用的现场接线技术；③高可靠性的触点连接技术；④总线传输波特率的计算并优化技术；⑤完善的诊断和错误恢复技术；⑥终端电阻的灵活接入或关闭技术；⑦总线成员自由增减技术，从而确保数据传输可靠、安全，同时满足了工地现场的方便使用；

J. 自适应采用独特的钢支撑轴力支顶结构设计，千斤顶设计采用体积小重量轻便于现场安装的增压结构，设计了自动调平机构，具有自动调平功能，头部系统结构上还独特设计了机械锁＋液压锁的双重安全装置，确保安全。

3. 施工技术

（1）现场布置

现场布置包括设备和线路的现场布置及供电系统的布置。根据基坑形状及开挖方案，将自适应支撑系统的现场控制站及泵站沿基坑边缘一字排开。现场控制站及泵站的布置位置坚持线路最短原则，即现场控制站与泵站间的线路最短、泵站与千斤顶间的油管最短。

（2）安装与拆除

1）安装工艺

① 将钢箱体与钢支撑通过高强螺栓或焊接连接为整体；

② 将钢支架平台在设计位置与预埋钢板焊牢；

③ 将钢箱体连同支撑一起吊装至钢支架平台；

④ 吊放千斤顶至钢箱体内，并安装油管；

⑤ 预撑钢支撑，待预撑到位后安装限位构件；

⑥ 通过千斤顶对钢支撑施加预应力；

⑦ 启动自适应支撑系统自动调压程序。

2）拆除工艺

① 关闭自动调压程序，解除机械锁；

② 将千斤顶活塞杆缩回；

③ 拆除油管；

④ 将千斤顶吊离钢支撑并运至地面；

⑤ 拆除钢支撑及支座。

所有钢支撑拆除后，可以拆除自适应支撑系统设备线路及配电设施，并堆放整齐以便吊装。

4. 工程案例

（1）工程概况

南京西路 1788 号项目位于南京西路、愚园路、愚园支路交叉口，本项目上部结构为一幢 29 层的塔楼、2～4 层裙楼，塔楼主屋面高约 118.5m，结构最高点为 130.0m，地下设三层地下车库。

工程场地占地面积约 12130m²，基坑总面积约 10228m²，基坑周长约 420m，外形约呈正方形。基坑开挖主楼区域为 15.10m，裙楼区域为 14.20m，局部深坑开挖深度 19.10m，如图 4-7 所示。

基坑围护采用地下连续墙加对撑的方案，考虑地铁保护措施，基坑施工分北区和南区先后顺作施工，分别为Ⅰ区和Ⅱ区，中间用 1000mm 厚临时地墙相隔，Ⅱ区基坑紧邻地铁 2 号线。Ⅰ区基坑内竖向共设置三道十字正交钢筋混凝土支撑；Ⅱ区基坑内竖向共设置四道水平支撑，第一道为钢筋混凝土，其余为 $\phi609\times16$ 钢管支撑，每幅地墙设两根支撑平面布置。Ⅱ区基坑呈狭长形，普遍挖深 15.7m，基坑面积约 1090m²，土方工程量约 15042m³。

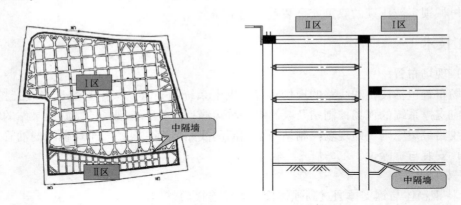

图 4-6　南京西路 1788 项目概况

基地南侧南京西路下有东西走向分布正在运营的轨道交通二号线区间隧道，地铁二号线埋深 13～14m，地下连续墙距离运行地铁二号线为 10.40～13.0m。根据有关方面的要求，地铁结构最终绝对沉降量、隆起及水平位移量小于 10mm；累计变化量不得大于 ±20mm。

常规钢支撑工艺难以满足深基坑施工对地铁结构苛刻变形控制要求，故采用了自适应支撑系统变形控制技术，本工程的Ⅱ区基坑第三、四层钢支撑施工采用自适应支撑系统，共有 66 根支撑，三、四层各 33 根。

图 4-7　南京西路 1788 项目自适应支撑系统

(2) 基坑变形控制

由于该基坑工程施工工况和周边环境的特殊性，设计要求地下连续墙体累计变形量不得大于 ±20mm，变化速率不得大于 ±1mm/d。同时要求对地铁变形控制最大值 10mm。为此，建立了基坑围护体、基坑支撑体系及周边环境 3 个方面的工程监测体系。

1) 地下连续墙变形

① 监测点位设置。根据施工现场实际，在邻近地铁的Ⅱ区地下连续墙增设 12 个点位进行测斜，编号分别为 QXI～QXI2。

② Ⅱ区监测分析。Ⅰ区地下室结构完成后，Ⅱ区进入基坑开挖阶段。在此施工过程中，Ⅱ区地下连续墙测斜各点位累计变形逐渐增大，位移曲线的弧度及位移最大点位的变形，同Ⅰ区作业测得数据有类似。但是第 2-4 道钢支撑使用轴力自动补偿技术后，地下连续墙变形得到改善。自钢支撑轴力自动补偿系统安装后，到Ⅱ区基坑挖土完成，地下连续墙累计最大变形值为 −18.99mm（对应点位为 QX8），最大变化速率为 −0.23mm/d（对

应点位为 QX5）。经现场测试，钢支撑轴力在施工过程中基本稳定，轴力变化范围在 95.7kN 以内。钢支撑自动补偿装置安装完毕 3d 左右，地下连续墙的变形基本趋于稳定。

③ 监测数据比较。取Ⅱ区基坑开挖过程中邻近地铁、有一定代表性的地下连续墙测斜对应点位进行分析：Ⅱ区基坑开挖，地下连续墙测斜点位 QX7，最大变形值为 18.35mm。Ⅱ区基坑开挖比Ⅰ区基坑开挖地下连续墙最大变形减少 20.08mm。说明在同样的土质、工况条件下，应用钢支撑轴力自动补偿技术后，地下连续墙最大变形控制效果是明显的。

2）地铁变形控制

根据地铁变形监测要求，该工程分别对轨交 2 号线上行线和下行线共设置 45 个监测点。经过地铁专业单位监测，Ⅱ区基坑施工之前地铁下行线最大累计沉降量为 5.25mm，Ⅱ区基坑施工后地铁下行线最大累计沉降量为 5.06mm。施工前后地铁下行线最大下沉量为 1.2mm（位于 X5 号点），最大上抬量为 0.8mm（位于 X20 号点），说明钢支撑自动补偿技术对控制基坑及邻近地铁的变形起到了重要作用。

（3）钢支撑轴力自动补偿系统

1）技术方案控制理念

以地下连续墙作为围护的深基坑施工，对环境影响有多个因素：如围护墙的侧向变形、基坑止水帷幕效果欠佳、基坑大面积卸载及坑底隆起对环境的影响等。不同的影响因素必须采取不同的针对性技术措施，其中有效控制围护墙的侧向变形是重中之重。而控制围护墙的侧向变形最关键技术就是及时加撑并对轴力进行自动补偿。采用钢支撑轴力自动补偿技术不仅可实现钢支撑轴力的实时监测，而且通过控制系统 24h 全天候对钢支撑轴力进行自动监控，可达到工程领域的自动化施工。在基坑土方开挖过程中，可根据监测结果，按照设计数据要求，由控制系统通过液压油缸分别适时加载，让钢支撑保持或增加其内力，最终使地下连续墙保持稳定状态，从而确保运行中地铁的安全。

2）运行系统安全控制

为保证基坑施工安全及钢支撑轴力自动补偿装置工作的顺利进行，除了采用常规的材料、设备和安全技术措施以外，针对深基坑施工的特殊性，还须采用特殊的安全技术手段。

① 根据深基坑施工的特殊性，调整运行系统的安全系数，增加整个液压系统设计安全性和完善使用功能，通过设置液压系统机械锁、油压锁定（零泄漏）实现整个钢支撑液压系统的运行安全双保险。

② 应选择专业生产厂制造的专用油缸，并在进行可靠性试验后使用；由于基坑围护结构的特殊性，还应设置钢支撑支座前端锲块锁紧油缸，以确保液压系统执行元件的工作安全。

③ 为保证现场控制系统安全使用，采用总线路结合硬质钢管护套，采用触摸屏式移动诊断箱应急故障诊断系统，以确保系统总线路的安全可靠。

④ 考虑整个系统设备在野外露天作业的恶劣环境，对液压动力泵站和控制站采用 IP65 以上防护等级；操作站和监控站置于室内防护；电缆接插件等防护等级在 IP65 以上，确保密封安全。

3）施工工艺流程控制

施工准备→基坑首层土方开挖→混凝土支撑施工→基坑 2 层土方开挖→轴力补偿装置基座安装→千斤顶放置基座内→吊放钢支撑和有关设备→钢支撑施加预应力→依次进行基坑 3 层土方开挖，轴力补偿装置安装→基础大底板施工。以后根据基坑结构施工需要，基础施工至±0.00 过程中，逐步分层、分段拆除全部支撑结构。

4）施工管理监控

① 施工前监控

A. 对整个基坑工程的现状、相邻设施、相邻工程和管网的情况进行调查。

B. 落实施工方案的审批意见和专家评审意见，制定钢支撑系统检测、有关基坑监测方案，进行监测点的布置和初始值的测取。

C. 落实施工单位资质、人员资格（管理人员、特殊工种上岗证等）。

D. 对有关建筑材料、支撑配件、机械设备等进行验收。

E. 建立降水、挖土、支撑施工协同的现场管理制度，检查围护结构和降水、降压是否已满足施工设计工况，施工现场排水措施的落实情况。

F. 检查场地布置、安全设施和施工用电的落实情况，坑边堆土堆物和额外荷载情况，周边建（构）筑物、道路、管线保护措施的落实情况。

G. 对工程潜在风险进行辨识和分析，落实应急预案相关措施（现场抢险设备、材料、人员准备等）。

② 施工过程监控

A. 土方开挖是否符合施工方案：放坡、作业平台设置是否规范；排水、降水措施是否到位；为钢支撑安装创造条件。

B. 支撑的安装位置和时机是否符合施工方案要求。

C. 支撑与地下连续墙之间节点的处理，支撑的偏差、系杆的布置情况是否符合方案要求。

D. 支撑系杆、相关机械设备、配电控制线路的安全防护措施的到位情况。

E. 围护结构（地下连续墙）的渗漏、变形情况，坑边额外荷载情况，防止过大变形的措施是否到位。

F. 相关监测点的布置和保护措施是否到位。

G. 钢支撑电气控制与监控系统的调试是否到位，监测报表、监测报警制度的落实情况。

③ 验收监控

钢支撑工程的验收系指作为基坑临时性工程一部分，钢支撑工程对周围环境的影响已无危害，其质量符合规定要求，可开展下道工序的施工。验收内容为：

A. 已完成施工方案设计的内容。

B. 如发生险情，或出现局部的轻微损坏，抢险、修复的措施是否落实到位。

C. 施工技术资料，有关检测数据完整、有效，监测结果符合要求。

④ 工程效果

南京西路 1788 号Ⅱ区基坑工程应用自适应支撑系统取得以下效果：

A. 有效控制地连墙的最大变形，保证最大累计变形值在设计范围以内，解决了常规施工方法无法控制的苛刻变形要求和技术难题，使工程始终处于可控和可知的状态。本工程自适应支撑系统安装开始至基坑施工完毕，地连墙所发生的最大变形只有 6.75mm，完全满足设计要求。

B. 有效控制钢支撑轴力，使其在施工过程中基本稳定，避免基坑因钢支撑轴力损失而产生多余变形。本工程钢支撑轴力在施工过程中的变化范围在 95.7kN 以内，相比设计轴力 1500kN，精度达到 6.38%，完全满足工程要求。

C. 有效控制地铁因基坑施工而产生的变形。Ⅱ区基坑施工对地铁运行线影响非常小，最大值仅下沉 1.2mm，远远低于设计要求的 5mm。

（二）分坑

1. 概述

（1）发展背景

资源与环境制约人类进步和经济发展，随着城市化进程加快，必然带来人口集中和城市建设的发展。由人类工程活动引起的"环境岩土工程问题"是与"污染和生态破坏"等价的两类环境问题之一。事实已经证明，城市环境岩土工程问题已十分突出，这将成为社会可持续发展的障碍，工程活动引起的地层变形问题即是其中之一。

城市土地资源的紧缺，使建设与用地的矛盾日益尖锐，导致高层建筑增多、地下空间逐步被开发利用（如地铁、地下车库、地下商场和过街通道等），由于构造和使用要求以及人防工程建设的需要，高层建筑一般都设置地下室。于是高层建筑与地下空间开发难免遇到基坑工程，这些基坑的环境效应问题日益受到人们的关注。

近年来，我国基坑工程呈现出许多新的特点，主要表现为：

1）基坑的规模越来越大

主楼与裙楼连成一片，大面积地下车库、地下商业与休闲中心一体化开发的模式频频出现，使得大面积基坑越来越多。如"上海广场"，基坑开挖面积 13000m²；"上海香港新世界大厦"，基坑开挖面积 12000m²；"上海华联又一城"，基坑开挖面积近 12000m²；"上海金昌广场"，基坑开挖面积 15000m²，而一些大型地下综合体基坑开挖面积甚至达 10000~50000m²，如"上海新鸿基陆家嘴金融贸易区 X2 地块"基坑、"新鸿基上海淮海中路 3 号地块"基坑以及"上海世纪大都会 2-4 号地块"基坑；

2）基坑的开挖深度越来越大

开挖深度达到 20~30m 的基坑越来越多。如"上海新鸿基陆家嘴金融贸易区 X2 地块"基坑，开挖深度 23m；"大上海会德丰广场"基坑，大部分开挖深度 22m；"新鸿基上海淮海中路 3 号地块"基坑，开挖深度 21m；"上海世纪大都会 2-4 号地块"基坑，开挖深度 22m；

3）基坑场地紧凑

有些地方紧贴设计红线，使得基坑周边施工场地十分狭小并且基坑周边环境复杂敏感，临近大量管线、建筑与地铁构筑物等。如"上海广场"基坑，平行邻近运营地铁隧道 2.9m；"上海香港新世界大厦"基坑，平行地铁车站 6m；"大上海会德丰广场"基坑，平行紧邻地铁 2 号线区间隧道 5.4m；"上海世纪大都会"基坑，紧邻轨道交通 2 号线、4 号线、6 号线、9 号线四线换乘枢纽站及区间隧道。

随着城市建设的发展，城市建筑物越来越密集，地下构筑物和地上建筑物相互交错，基坑工程的面积和深度在不断增加并且呈现出上述许多新的特点。由于这些深大基坑一次性卸荷量大、施工工期长、施工条件复杂困难，加之软土特别是饱和软土其孔隙比及压缩性大、抗剪强度低、灵敏度高呈软塑或流塑状等特点，使得深基坑开挖对环境的影响十分显著，主要表现为周边建筑、道路、地下管道和管线因地基不均匀沉降开裂或断裂破坏等。因此，了解软土地区深大基坑的卸荷变形性状和产生的影响，在对基坑变形机理和影响因素的全面认知和理解基础上，采取针对措施控制基坑变形，以控制深大基坑的卸荷影响和保护周边环境是目前基坑工程中面临的一个迫切而重要的问题。

（2）基坑变形机理简介

基坑的变形主要包括基坑底的土体隆起、围护结构的变形和位移及墙后的地表沉降（如图 4-8）。

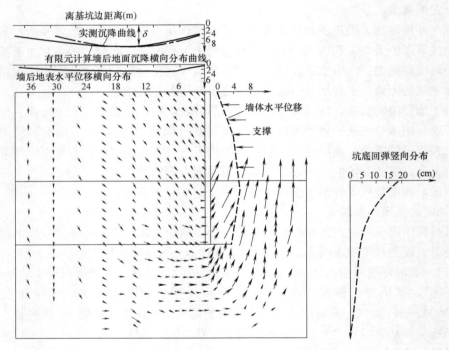

图 4-8　软黏土地层基坑卸荷位移场

1）坑底土体隆起

① 隆起原因

坑底土体隆起是坑底土体原有应力状态因垂直卸荷而改变的结果。在开挖深度不大时，坑底土体卸荷后发生垂直向上的弹性隆起。开挖深度增大时，基坑内外的土面高度差和地面各种超载作用下，使围护墙外侧的土体向基坑内移动，在基坑周围产生较大的塑性区，形成坑底的塑性隆起。

② 产生后果

坑底弹性隆起在开挖停止后很快停止，这种坑底隆起基本上不会引起围护墙外的土体向坑内移动。随着开挖深度的增加，基坑内外的土体移动，引起围护墙的变形，同时在基坑周围产生较大的塑性区，引起坑内土体的塑性隆起和坑周地面沉降。尤其当支护结构插入深度不足时，更容易在基坑开挖深度较小时即发生基坑周围土体的塑性流动，当塑性变形发展到极限状态时，基坑外的土体向坑内产生破坏性的滑动，使基坑失稳，基坑周围地层发生大量沉陷。

引起基坑隆起的因素主要有以下三个方面：

A. 卸荷产生的回弹变形；

B. 基坑周围的土体在自重作用下使坑底土体向上隆起；

C. 围护结构向坑内变形挤压土体。

2）围护墙变形和位移

基坑开挖时，荷载不平衡导致围护墙体产生水平向变形和位移，从而改变基坑外围土体的原始应力状态而引起地层移动。基坑开挖时，围护墙内侧卸去原有土压力，而基坑外侧受到主动土压力，坑底墙体内侧受到全部或部分被动土压力，不平衡土压力使墙体产生变形和位移。围护墙的变形和位移又使墙体主动土压力区和被动土压力区的土体发生位移，墙外侧主动土压力区的土体向坑内移动，使背后土体水平应力减小，剪力增大，出现塑性区；而在开挖面以下的被动区土体向坑内移动，使坑底土体水平向应力加大，导致坑底土体剪应力增大而发生水平向挤压和向上隆起的位移。

墙体变形不仅使墙外侧发生地层损失而引起地表沉降，而且使墙外侧塑性区扩大，因而增加了墙外土体向坑内的移动和相应的坑内隆起，墙体的变形和坑外土体向坑内的移动是引起周围地层移动的重要原因。

3）墙后地表沉降

基坑开挖的过程就是基坑内卸荷的过程，由于卸荷引起坑底土体隆起以外，还会引起坑外土层向坑内移动，从而引起坑外地表沉降。可以认为，基坑开挖引起周围地层移动的主要原因是坑底的土体隆起和围护墙的侧向位移。当然，地下水的渗流、软土的流变性以及其他施工因素等也会对坑外地表沉降造成影响。

（3）基坑变形控制方法的研究

近年来大城市中基坑开挖面积越来越大，由于开挖面积大、卸荷时间长以及软土的流变等性质，深大基坑开挖后其影响范围和变形量都比以往的小基坑要大得多。

对于窄基坑，支护结构限制了土体部分水平应力的释放，而且挡土墙向基坑的位移又增加了部分水平应力，甚至有可能垂直方向卸荷，水平方向加荷的情况，但对于宽基坑，支护结构的影响可以不考虑。

在基坑回弹的实用计算方法中，在相同的卸荷面积下，利用长方形的开挖方式要比正方形的开挖方式引起的坑内回弹量要小，在计算坑内回弹时，应考虑基坑开挖面积和基坑形状的影响。随着基坑开挖面积的增大，其坑底回弹量增加，但基坑开挖面积大到一定程度后，坑内回弹不再随开挖面积的增加而增加。

分析基坑开挖对基坑周围环境的影响，不仅要依据围护墙侧向变形的大小和分布，而且要考虑基坑的空间效应，同样的围护墙侧向变形情况，如果基坑开挖形状不同，其地表沉陷的情况是不一样的。

窄条基坑与深大基坑的变形特征有着较大的区别，深大基坑由于开挖面积大，卸荷量大，其卸荷后坑周地表沉降和影响范围均有较大的发展，与窄条基坑相比，深大基坑坑周沉降量和影响范围均增大 2～3 倍。

2. 基坑卸荷影响范围的分析

深大基坑开挖是一个逐渐卸荷的过程，未开挖时，土体处于静力平衡状态，一旦开挖，土体便失去平衡状态，在坑底一定范围内随之出现竖向应力和水平应力的改变，导致应力释放从而引起释放变形，土体逐渐向卸荷方向发生松动位移，以达到新的平衡状态。基坑卸荷影响范围除与土体在卸荷状态下的性质有关外，还与基坑开挖面积、开挖形状、支护结构类型等有关。

基坑卸荷影响范围并非就是土体卸荷影响范围，只有大面积卸荷情况下，忽略基坑围护墙及墙外土层的影响后，坑内土层卸荷的应力路径才与室内土体卸荷试验相同。

（1）土体滑移路径分析

1）土体破坏路径

土体产生失稳和变形破坏时，土体通常按一定的滑裂面移动，在经典的库仑理论分析计算中，假设墙后填土在极限平衡状态的破裂面为通过墙趾的一条直线。众多试验及理论分析表明，这种假设不合理。之后有很多学者在这一方面做了大量的理论工作，都不同程度地解释了土体破裂面的曲线特征，并进一步指出在某些情况下破裂面与对数螺旋线相似。

随着塑性流动理论的发展，塑性极限分析的方法在土力学中得到越来越广泛的应用，在斜坡稳定、地基承载力和土压力的问题中都取得了一系列的成果。

图 4-9、图 4-10、图 4-11 为几种常见的土体破坏路径示意图。

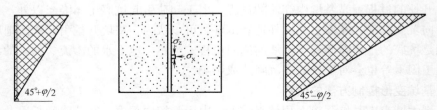

图 4-9 库仑理论分析模型

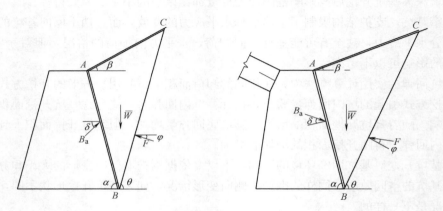

图 4-10 朗肯理论破坏机理

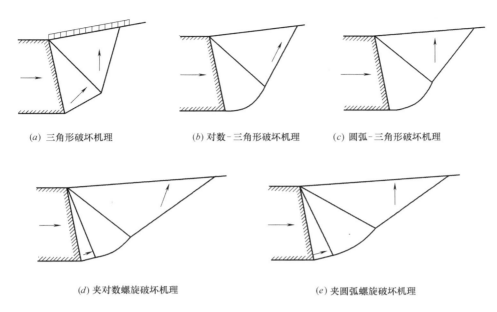

(a) 三角形破坏机理　　　　(b) 对数-三角形破坏机理　　　　(c) 圆弧-三角形破坏机理

(d) 夹对数螺旋破坏机理　　　　　　　　(e) 夹圆弧螺旋破坏机理

图 4-11　其他理论破坏机理示意

2）基坑稳定性分析

在基坑稳定性分析时，通常也是采用圆弧滑动进行分析：

① 无支撑基坑的稳定性分析

无支撑基坑稳定性分析时，通常通过假定圆滑面，然后通过对未知力系的假设求得基坑滑动力矩和抗滑力矩，令 $F_s=$ 抗滑力矩/滑动力矩，F_s 即为稳定安全系数。

② 有支撑基坑稳定性分析

有支撑基坑稳定性分析通常包括整体稳定性分析、围护结构抗倾覆或抗踢脚稳定性分析和基坑抗隆起稳定性分析，重点是基坑抗隆起稳定性分析。

在基坑抗隆起稳定计算中，也是采用圆弧滑动理论进行分析，主要归纳为两类。一类是基坑开挖后在单侧土压力作用下，在位于围护结构墙底处产生滑裂面，由于浅层土壤抗剪强度较低发生失稳；而另一类是产生的滑裂面位于围护结构墙底水平面以下的深层土壤中。按第一类假定的公式，目前应用较多的是计及墙体弯矩的圆弧滑动验算方法。

影响土体滑裂面曲线形状的主要因素有：墙背的光滑程度、土体的抗剪强度参数 c、内摩擦角 ϕ、容重 γ，并且对主、被动滑裂曲线的影响是不一样的，一般情况下内摩擦角影响最大，其次是墙背光滑程度。

（2）基坑卸荷影响范围分析

通过上述分析可知，一般情况下土体破坏时的滑移路径为曲线形状，并且主动区和被动区滑移曲线不同，存在（$45°-\varphi/2$）和（$45°+\varphi/2$）的关系。以上理论虽然是对土体极限破坏状态下的破坏路径的假设，但从破坏状态的导致原因来分析，可以推断认为破坏前土层的位移趋势应该和破坏路径基本一致。

正常条件下，基坑周围土体的移动是基坑开挖引起的应力重分布的结果，是地层损失的传递，图 4-12 为不同开挖面积情况土层位移传递示意图。

由图 4-12（a）可知，当基坑开挖面积较小时，由于基坑开挖宽度小，基坑两侧围护

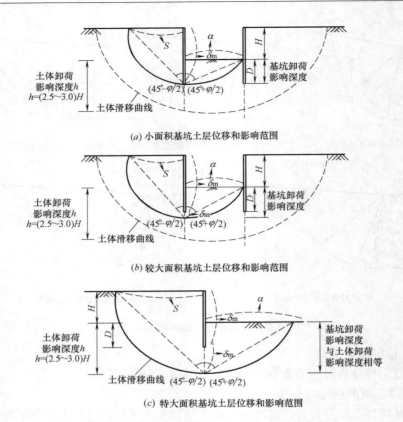

(a) 小面积基坑土层位移和影响范围

(b) 较大面积基坑土层位移和影响范围

(c) 特大面积基坑土层位移和影响范围

图 4-12 不同开挖面积情况土层位移传递示意

结构距离比较近，围护结构及基坑另一侧的土体限制了墙底以下土层位移的传递和其水平应力的松弛，基坑卸荷影响范围不能达到室内试验中土体卸荷影响范围，这样坑外土体沉降量和沉降范围都较小，此时坑内隆起也主要是由于墙体变形的挤土效应和土体卸荷回弹，坑外土层的位移也主要与围护墙的变形有关，这一点与目前实测的小基坑开挖变形是吻合的。目前国内外分析坑外地表沉降时主要是分析地表沉降与围护墙的变形关系，一是因为以前所遇到的基坑开挖面积比较小；二是因为围护墙底以下土层较好，有时围护墙甚至插入基岩中。此时，坑外地表沉降无论在沉降量还是沉降范围上都是比较小的，主要受围护墙的变形控制。

由图 4-12 (b) 可知，当基坑开挖面积增大，由于不受围护墙及坑外另一侧土体的限制，基坑卸荷导致的坑底水平应力变化范围和地层位移范围增大，从而变形的范围和变形量增加，通过地层损失传递导致坑外地表沉降增加和坑内土体隆起增加。随着近年来基坑开挖面积越来越大，实测结果也表明，同样的开挖深度情况下，大基坑开挖造成的坑外地表沉降范围和沉降量相对以往的窄基坑都要大得多。

由图 4-12 (c) 可知，由于土体卸荷影响范围为 2.5～3.0 倍开挖深度左右，当基坑开挖面积大到一并程度时，只要围护墙侧向变形不增加，理论上基坑开挖面积的增加不再引起基坑周围土体变形和影响范围的增大，因为当基坑开挖面积大到一定程度时，变形的范围和变形量不再增加。此时，坑外地表沉降为围护墙侧向变形和墙底以下土层一并引起，坑内隆起主要由土体回弹、坑外土层向坑底移动和围护墙侧向变形对坑内土体的挤压引起，并且相对于窄基坑，大面积基坑围护墙对土体的挤压作用较不明显。

（3）深大基坑卸荷土体位移分区研究

为了分析坑外地表沉降，将基坑开挖墙后土体分为 A、B、C 三区（如图 4-13 所示），A 为塑性平衡区，B 为弹性平衡区，C 为未受扰动区，在该分区的基础上进行土体应变和地表沉陷分析。

图中：H——基坑开挖深度；D——墙体入土深度。分析过程中不考虑基坑开挖宽度的影响，但考虑土体滑移的曲线形状。

如图 4-14，进行基坑卸荷后土压力的研究，A 为塑性平衡区，B 为弹性平衡区，C 未受扰动区，D 为弹性平衡区，E 为未受扰动区。

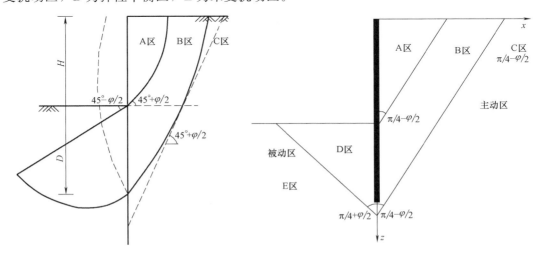

图 4-13　Caspe 墙后土体分区示意　　　　图 4-14　基坑开挖土体分区示意

基于土层破坏滑动路径，采用分区的概念对基坑卸荷影响范围及其变形状态进行分析是可行的。

大面积基坑开挖后，根据不同范围内土层的变形机理不同，可以将基坑卸荷影响范围内土层分为 5 个区：

A 区土层变形主要是基坑卸荷引起的土体回弹变形，只与基坑开挖深度和土层性质有关，可通过土体回弹的室内试验求得；

B 区土层变形主要包括基坑卸荷土体回弹变形和坑外土层向坑底移动引起的坑底隆起变形，不仅与基坑开挖深度和土层性质有关，还与基坑开挖面积和墙底以下土层位移有关；

C 区土层变形主要包括基坑卸荷土体回弹、墙体变形挤土引起的坑内土体变形和坑外土层向坑底位移引起的该区中土层隆起变形；

D 区土层变形主要为挡墙水平位移引起的坑外土层移动和坑外土层向墙底移动引起的该区土层变形，其变形不仅与挡墙侧向位移有关，还与基坑开挖引起的墙底土层位移有关，该区为坑外地层主要影响区，深大基坑卸荷对该区土层变形最大，是基坑卸荷对坑外环境影响的关键区域；

E 区土层变形主要为坑外土层向墙底移动变形，引起的该区土层位移，主要与基坑开挖引起的墙底土层位移有关，相对 D 区，基坑卸荷对该区土层的影响较小，但由于该区土层位移的存在，明显增加了深大基坑卸荷对坑外地表沉降的影响范围，使得坑外地表沉降影响范围最大可达基坑开挖深度的 3.5～4.0 倍。

通过详细分区可知，大面积基坑卸荷后坑周地表沉降 S 主要包括挡墙侧向变形引起的地表沉降和墙底土体位移引起的地表沉降，坑内土层隆起主要包括土体回弹、墙底土体位移导致的坑内隆起和挡墙侧向变形引起的挤土变形。由于软土地区深大基坑卸荷影响范围大，导致墙底以下存在土体位移，从而增加了地表沉降范围和沉降量，也增加了坑内土层隆起变形。

近年来随着基坑开挖面积越来越大，由于基坑开挖造成的坑外地表沉降范围和沉降量相对以往的窄基坑都要大得多，因此对大面积卸荷情况下深基坑周围土体的影响范围和坑周地层移动的分析除了根据挡墙侧向变形引起的坑外地面沉降和土体卸荷回弹引起的坑内土体隆起分析以外，还应考虑基坑开挖过程中的其他影响因素。深大基坑卸荷影响深度一般情况下要大于挡墙的入土深度，因此要更全面地了解基坑卸荷对坑外土体位移及坑内土体隆起的影响情况，还应考虑挡墙底部以下土层位移情况，从而更好地做到对周边环境的影响分析及控制。

3. 深大基坑卸荷变形影响分析的工程意义

(1) 开挖面积与基坑卸荷变形的关系

通过上述分析，基坑开挖面积很大程度上决定了基坑卸荷后的变形影响范围和变形量，是基坑变形影响的主要因素之一。

当基坑开挖宽度 B 存在下列关系：

$$B \leqslant D\tan\left(45° + \frac{\varphi}{2}\right)$$

式中：D——围护墙插入深度（m）；

　　　φ——内摩擦角（°）。

由于围护结构和坑外土体的影响，围护墙以下土体侧向应力受坑内土体卸荷的影响不大，此时可以认为墙底土体位移较小。在这种情况下，坑外地表沉降与围护结构变形的相关性较强，坑外地表沉降的范围也主要为 1.5～2.0H，坑内隆起也主要与坑内土体卸荷回弹和围护墙挤土效应有关。

当基坑开挖宽度 B 存在下列关系：

$$D\tan\left(45° + \frac{\varphi}{2}\right) \leqslant B \leqslant h\tan\left(45° + \frac{\varphi}{2}\right)$$

式中：D——围护墙插入深度（m）；

　　　φ——内摩擦角（°）；

　　　h——基坑卸荷极限影响深度（m），根据本文试验结果，一般取 2.5～3.0H，H 为开挖深度。

此时围护结构和坑外土体的影响仍然存在，基坑卸荷影响范围仍不能达到土体卸荷影响深度 h，但其影响范围比围护墙插入深度 D 要深，此时坑外地表沉降范围会比第一种情况要大，并且地表沉降除与围护结构变形有关以外，还与墙底土体的位移有关，坑内隆起也应加上墙底以下土体位移引起的隆起变形。

由于围护结构和坑外土体对基坑另一侧围护墙附近土体不存在影响，此时基坑卸荷影响范围达到土体卸荷影响范围。坑外地表沉降量和沉降范围都比计算所得要大，地表沉降范围达到 3.0~4.0H（H 为基坑开挖深度），并且地表沉降除了与围护墙变形有关外，还与围护墙以下坑外土体向坑内移动有关。由于坑外土体向坑内移动量较大，坑内隆起也会增加。

（2）深大基坑分区开挖变形控制方法

对于软土地区的深大基坑，由于基坑开挖面积大、卸荷时间长，与窄基坑相比，深大基坑卸荷所产生的地表沉降范围和沉降量都有较大的发展空间。因此，在软土地区城市密集中心开发大型地下综合体时，应充分重视深大基坑卸荷对周边环境的影响，并采取相应对策和控制措施。

通过土体加固、支撑施加预加轴力、信息化施工等措施虽然可以较好减小深大基坑开挖对周边环境的影响，但不能改变深大基坑开挖造成的影响范围和影响量增大的本质。

1）深大基坑分区开挖

针对基坑开挖面积与基坑卸荷影响范围及影响量的关系，对于紧邻重要保护对象的深大基坑，可以将深大基坑分为远离重点保护对象的大基坑和紧邻重点保护对象的小基坑，当小基坑开挖宽度 B 满足：

$$B \leqslant D\tan\left(45° + \frac{\varphi}{2}\right)$$

式中：D——围护墙插入深度（m）；

φ——内摩擦角（°）。

此时小基坑开挖造成的坑外地表影响范围和影响量都较小，并且其开挖过程中坑外地层变形主要由挡墙侧向变形引起。

2）分区开挖顺序

先开挖远离重点保护对象的大基坑，通过大基坑的及时回筑压载，控制和稳定了深大基坑开挖坑底隆起对地铁的沉降变形后，再开挖紧邻重点保护对象的小基坑，并采取土体加固、及时施加预加轴力等措施严格控制小基坑开挖引起的围护结构侧向变形，可以减小深大基坑开挖对紧邻重点保护对象的影响，达到基坑变形控制和环境保护的目的。

实际施工过程中，由于基坑工程的大小、形式、土质情况以及周边环境保护要求等不同，基坑的分区需要考虑基坑开挖形状、周边环境因素等，并结合建筑物的空间要求进行合理、经济的分区。

（3）深大基坑分区施工效果

计算表明，由于基坑开挖面积大，其卸荷引起围护墙侧向变形和基坑内外土层位移大，隧道因围护墙侧向变形以及坑外土层向坑内移动的影响，容易产生较大的影响。因此，对于紧邻地铁隧道的深大基坑，采取分区开挖措施，先开挖远离地铁的大基坑，通过大基坑回筑压载，控制和稳定了深大基坑开挖隆起对地铁的沉降变形后，再开挖紧邻地铁隧道的小基坑，并采取措施控制窄条坑的挡墙侧向变形，可以较好减小深大基坑开挖对紧邻地铁隧道的影响，达到基坑变形控制和地铁隧道保护的目的。

分析可得，深大基坑卸荷变形的规律和特点：

1) 大面积基坑卸荷后，其卸荷影响深度为 2.5～3.0H，坑外地表沉降影响范围为 3.5～4.0H（H 为基坑开挖深度），坑外地表沉降除与围护墙水平位移有关外，还与围护墙以下土层移动以及坑内隆起有关。而小基坑开挖时，其卸荷影响范围和影响量都较小，坑外地层移动主要与围护墙侧向变形有关；

2) 大基坑卸荷容易引起较大的地表沉降变形，在进行大面积卸荷施工时，仅从控制围护墙水平位移考虑去控制坑外地层沉降是不够的，需要对深大基坑卸荷引起的土体应力场和位移场进行全面预估分析，从而采取相应措施控制基坑坑内隆起和围护结构侧向变形引起的坑外土层变形。

3) 先开挖远离地铁的大基坑，通过大基坑回筑压载控制和稳定了深大基坑开挖隆起对地铁的沉降变形后，再开挖紧邻地铁隧道的小基坑，并采取措施控制小基坑开挖引起的围护墙侧向变形，可以很好控制深大基坑近地铁隧道侧坑外土层的变形影响，对于不分区整体开挖，分区开挖引起坑外地铁侧地表沉降量减少了近 40%，地铁隧道水平位移减少近 65%，隧道沉降减少近 30%，隧道总位移减少近 55%。

4. 工程案例

上海国际舞蹈中心项目位于水城南路、延安西路和虹桥路区域内，由上海芭蕾舞团、上海歌舞团、舞蹈学校、舞蹈学院、1000 座剧院、200 座合演中心等功能区域组成，包括了 4 栋新建单体（1～4 号楼），均为 24m 以下多层建筑；1～4 号楼地下一层地下室与地下车库连为整体，主要功能为厨房以及设备用房；2 号楼和 3 号楼局部设地下两层用作车库。地上总建筑面积约 44890m², 地下建筑面积约 40040m²。剧院为框架抗震墙结构，其余建筑为框架结构。基础采用桩筏基础，工程桩采用 ϕ600 钻孔灌注桩。

（1）基坑工程概况：

1) 基坑面积

本工程一层基坑总面积约 27676m²，周长约 987m，其中二层基坑面积约 13438m²，周长约 688m。基坑形状极不规则。

2) 基坑开挖深度

根据最新的建筑资料，本工程设计标高±0.000 相当于绝对标高＋4.400m，室内外高差 0.60m。目前场地内标高为 3.80m，地下一层结构底板顶面相对标高为－6.200m，底板厚 600mm，垫层厚 200mm，单桩承台高 1.0m，多桩承台高 1.5m。地下二层结构底板顶面相对标高为－10.200m，底板厚 1000mm，垫层厚 200mm，承台高 1.5m。地下一层及地下二层基坑开挖深度分别为：

地下一层普遍区域：$h_0 = 6.2 + 0.6 + 0.2 + (3.8 - 4.4) = 6.4$（m）

地下二层普遍区域：$h_0 = 10.2 + 1.0 + 0.2 + (3.8 - 4.4) = 10.8$（m）

由于基坑周边分布承台，开挖深度按承台底计算时，地下一层开挖深度为 7.3m、6.8m（单桩承台处），地下二层区域局部承台底开挖深度为 11.3m。

（2）周边环境

1) 周边建筑概况

本工程基地区位条件优越，位于上海最大的外籍人士聚居区—长宁区虹桥地区，地处虹桥路历史文化风貌保护区核心保护范围，周边历史氛围浓厚，更被多幢市级文物保护建

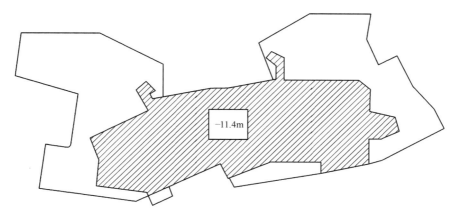

图 4-15　基坑概况

筑所环绕，保护等级均很高，且距离基坑很近。周边建筑与本基坑工程关系见图 4-16。

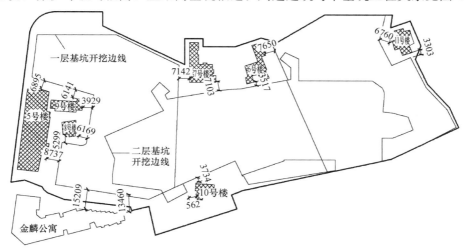

图 4-16　周边建筑概况

基坑周边共有 6 栋上海市优秀历史保护建筑，与基坑周边距离关系如表 4-2 所示。

周边建筑信息表　　　　　　　　　　　　　　　表 4-2

建筑名称	保护等级	位置	基坑挖深	建筑边线距基坑边线最近距离	地下室	基础形式	基础埋深（m）	基础边线距离基坑边线最近距离	上部结构形式
6 号楼	市级	基坑北侧	10.8m	3.517m	无	条基	1.84	3.197m	2 层砖混结构
7 号楼	市级	基坑北侧	10.8m	7.103m	无	条基	1.7	6.783m	2 层砖混结构
8 号楼	市级	基坑西侧	6.4m	5.299m	无	条基	1.12	5.049m	1 层砖混结构
9 号楼	市级	基坑西侧	6.4m	7.084m	无	条基	0.40	6.754m	2 层砖混结构
10 号楼	市级	基坑南侧	10.8m	3.734m	无	条基	0.59	3.419m	2 层砖混结构
11 号楼	市级	基坑东侧	6.4m	5.106m	无	条基	0.97	4.756m	2 层砖混结构
金麟公寓	无	基坑西南侧	6.4m	13.460m	1 层	桩基			10F/6F
宿舍楼	无	基坑西侧	6.4m	9.076m	1 层	桩筏	5.40	8.576m	5 层框架

2）周边道路概况

本工程北邻虹桥路，虹桥路下方地铁 10 号线区间隧道穿过，南邻延安西路高架，西侧为水城路，东侧为延安绿地。

① 北侧

本工程北侧邻近虹桥路，并且地铁 10 号线区间隧道自虹桥路下穿过，10 号线水城路站 2 号出站口紧邻本工程，与本工程基坑外边界最近距离 6.15m，该出入口设置无障碍电梯，电梯井紧挨地下室边界；该工程 1 号楼与 4 号楼局部位于地铁保护区 50m 范围内，其中地铁区间隧道边界距离本工程基坑边界最近距离约 22.6m。

根据地铁隧道设计要求，地铁出入口必须设置无障碍电梯。目前水城路站 2 号出入口为临时出入口，无障碍电梯井紧挨地下室边界，且无障碍电梯井已进入基坑开挖边线范围 132mm，距离承台边线 346mm，距离外墙边线 1420mm。

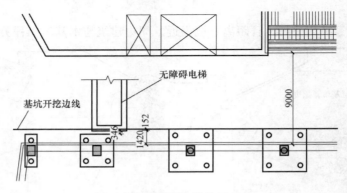

图 4-17　无障碍电梯位置示意

无障碍电梯井处原有围护为 $\phi800@1000$ 钻孔灌注桩＋$\phi800@600$ 高压旋喷桩止水。

② 南侧

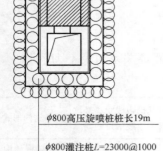

$\phi800$ 高压旋喷桩桩长19m

$\phi800$ 灌注桩$L=23000@1000$

图 4-18　无障碍电梯位置原有围护

本工程南邻延安西路高架，基坑边界与延安路高架最近距离为 31.062m。

③ 西侧

本工程西邻水城南路，基坑边界与道路最近距离为 10.34m。

3）地下管线概况

本工程所在虹桥路、水城路、延安高架地下管线情况非常复杂。其中市政管线有雨污水管道、城市供水管道、城市燃气管道、电力管线、电信管道等。由于北侧虹桥路下方道路管线距离本基坑工程 27m 以外，即 4 倍开挖深度以外，根据经验可暂不考虑对其影响。现将水城南路、延安高架的地下管线统计如表 4-3 所示。

（3）地质条件

1）地形地貌

上海位于东海之滨、长江入海口处，属长江三角洲冲积平原，拟建场地地貌单元属滨海平原地貌类型。

管线与基坑关系表　　　　　　　　　　　表 4-3

路　名	管线名称	直径/埋深 （mm/m）	距基坑边线最小距离 （m）	备注
水城南路	信息	PVC48 孔/0.65	7.004	1989 年
	电话	PVC350×500/1.05	8.571	1989 年
	供电	空管 1 孔/0.46	8.821	1988 年
	给水	ϕ300/1.01	11.311	1989 年
	给水	ϕ500/1.16	12.401	1989 年
延安高架 （地下一层开挖区域）	信息	PVC880×340/0.72	19.183	1995 年
	供电	TN80/0.45	19.829	1995 年
	煤气	ϕ300/1.13	20.575	1995 年
	电话	PVC1050×350/1.65	22.811	1995 年
	给水	ϕ300/0.94	23.308	1997 年
延安高架 （地下二层开挖区域）	信息	PVC880×340/0.72	19.183	1995 年
	供电	TN80/0.45	19.829	1995 年
	煤气	ϕ300/1.13	20.575	1995 年
	电话	PVC1050×350/1.65	22.811	1995 年
	给水	ϕ300/0.94	23.308	1997 年

拟建工程位于上海市长宁虹桥地区。勘察期间实测现完成勘探孔孔口高程为+3.41～+3.75m 之间，高差为 0.34m。

2）地基土的构成与特征

根据上海海洋地质勘察设计有限公司提供的《岩土工程勘察报告》（详勘）揭露的地层资料表明，拟建场地在勘察深度（最大深度为 100.0m）范围内揭露的地基土均属第四纪沉积物，主要由黏性土、粉性土、粉砂组成。根据地基土的成因、时代、结构特征及物理力学性质指标等综合分析，划分为 7 个工程地质层及分属不同工程地质层的亚层及次亚层。

拟建场地勘察深度范围内地基土构成及特性如下：

① 第①层杂填土，普遍分布，大部分区域表层为约 10～30cm 厚水泥地坪，上部以砖块、石子为主，下部以黏性土为主，土质松散不均。延安绿地区域填土最大厚度达 5.0m。

② 第②层褐黄～灰黄色粉质黏土，钻探 G8 孔及静探 C32、C33 孔处未揭遇，湿～很湿，可塑～软塑，压缩性中等～高等；含云母、氧化铁斑点、铁锰质结核。

③ 第③层灰色淤泥质粉质黏土，普遍分布，饱和，流塑，压缩性高等，含云母，夹薄层状粉土，4.5～6.0m 深度范围内较集中，土质不均匀。

④ 第④层灰色淤泥质黏土，普遍分布，层位稳定，饱和，流塑，压缩性高等，含云母，有机质，偶夹薄层状粉土。

⑤ 第⑤层土根据土性不同可分为⑤₁、⑤₂、⑤₃层共三个亚层。

第⑤₁层灰色粉质黏土，普遍分布，很湿，软塑，压缩性高等，含云母、有机质、贝壳碎屑及泥钙质结核，夹薄层粉土。

第⑤₂层灰色黏质粉土，普遍分布，层面标高约 $-14.39 \sim -18.35m$，饱和，稍密，压缩性中等，夹薄层状黏性土。

第⑤₃层灰色粉质黏土，普遍分布，层面标高约 $-20.33 \sim -23.42m$，很湿，软塑，压缩性高等，含云母、有机质、腐殖物及泥钙质结核，夹薄层状粉土。

⑥ 第⑧层土根据土性不同可分为⑧₁、⑧₂层共两个亚层。

第⑧₁₋₁层灰色粉质黏土，普遍分布，层面标高约 $-37.38 \sim -40.28m$，很湿～湿，软塑～可塑，压缩性中等，局部夹薄层状粉土。

第⑧₁₋₂层灰色粉质黏土，普遍分布，层面标高约 $-50.92 \sim -53.70m$，很湿～湿，软塑～可塑，压缩性中等，局部夹薄层状粉土。

第⑧₂层灰～青灰色粉质黏土，普遍分布，层面标高约 $-59.44 \sim -63.32m$，湿，可塑，压缩性中等，含云母、有机质，夹薄层粉砂，局部呈互层状。

⑦ 第⑨层灰色粉细砂：未揭穿，层面标高约 $-62.24 \sim -66.50m$，饱和，密实，压缩性低等，含云母、石英、长石等矿物颗粒；砂质较均匀，下部夹中粗砂。

3）水文地质

① 地下水

上海地区浅层地下水属潜水，主要补给来源为大气降水及地表径流，埋深一般为地表下 $0.3 \sim 1.5m$。勘察期间实测地下水稳定水位埋深在 $0.80 \sim 1.50m$ 之间。本次设计取地下水水位为自然地面下埋深 $0.5m$。

② 承压水

当基坑开挖深度为 $11.3m$ 时，承压水埋深按最不利水位埋深 $3.0m$ 考虑，验算承压含水层的上覆土重与承压水头之比见表 4-4。

承压水影响分析表   表 4-4

承压水含水层号	层面最浅埋深	计算承压水头埋深	地下室埋深	是否会对基坑有影响
⑤₁	20.00	3.00	7.3	无影响
⑤₂	20.00	7.47	11.3	有影响

4）基坑支护设计岩土参数表

场地工程地质条件及基坑支护设计参数如表 4-5 所示。

基坑支护设计参数表   表 4-5

土层编号	土层	含水量（%）	重度（kN/m³）	φ（°）	c（kPa）	渗透系数 K（cm/s）
②	粉质黏土	32.6	18.4	18.0	21	3.5×10^{-6}
③	灰色淤泥质粉质黏土	42.9	17.5	15.0	14	5.0×10^{-6}
④	灰色淤泥质黏土	48.9	17.0	10.0	12	3.0×10^{-7}
⑤₁	灰色粉质黏土	36.7	17.9	22.5	18	6.0×10^{-6}
⑤₂	灰色黏质粉土	31.8	18.5	29.5	10	6.0×10^{-4}

（4）方案设计依据

深基坑工程设计与施工的安全性，不仅指基坑自身的安全性，还包括深基坑施工对周围环境产生的不利影响。设计时应明确基坑安全等级和环境保护等级。

　　基坑安全等级

　　本工程基坑开挖深度分别为 6.4m 和 10.8m，承台处局部最大落深 0.9m。根据上海市工程建设规范《建筑基坑工程技术规范》YB 9258—1997，本基坑工程安全等级为二级。

　　基坑环境保护等级

　　由于周边紧邻多幢文物保护建筑、地铁车站出入口、地铁区间隧道以及地下管线，在基坑开挖施工时，除了应满足基坑工程关于环境保护的一般规定之外，周边文物建筑、地铁区间隧道、重要地下管线还应根据其各自的情况，满足相关变形控制要求。

　　根据本工程周边环境条件概况介绍，本基坑主要的保护对象有：

　　1）场地北侧市级历史保护建筑 6 号楼基础边界：距离基坑最近 3.267m，1 倍基坑开挖深度内；

　　2）场地北侧市级历史保护建筑 7 号楼基础边界：距离基坑最近 6.783m，1 倍基坑开挖深度内；

　　3）场地西侧市级历史保护建筑 8 号楼基础边界：距离基坑最近 5.049m，1 倍基坑开挖深度内；

　　4）场地西侧市级历史保护建筑 9 号楼基础边界：距离基坑最近 6.754m，1 倍基坑开挖深度内；

　　5）场地南侧市级历史保护建筑 10 号楼基础边界：最近距离 3.419m，1 倍基坑开挖深度内；

　　6）场地东侧市级历史保护建筑 11 号楼基础边界：最近距离 4.786m，1 倍基坑开挖深度内；

　　7）场地西侧学生宿舍楼：距离基坑最近 9.08m，1～2 倍基坑开挖深度内；

　　8）场地西南侧金麟公寓：距离基坑最近 13.460m，2～3 倍基坑开挖深度内；

　　9）场地西北侧地铁 10 号线水城路站 2 号出入口：最近距离 4.375m，1 倍基坑开挖深度内；

　　10）场地西北侧地铁 10 号线水城路站无障碍电梯井：进入基坑开挖边线范围 132mm；

　　11）场地南侧地铁 10 号线区间隧道：最近距离 22.6m，超过 3 倍基坑开挖深度 21.9m；

　　12）场地南侧延安路高架一层开挖区域距离高架：最近距离 31.062m，3 倍基坑开挖深度外；

　　13）场地南侧延安路高架二层开挖区域距离高架：最近距离 30.962m，2～3 倍基坑开挖深度内；

　　14）场地西侧水城南路道路管线：信息、电话、供电、给水、给水管道距离基坑最近分别为 7.004m、8.571m、8.821m、11.311m、12.401m，分别位于 1 倍、1～2 倍、1～2 倍、1～2 倍、1～2 倍挖深内；

　　15）场地南侧延安路高架一层开挖区域道路管线：信息、供电、煤气、电话、给水管道距离基坑最近分别为 19.183m、19.829m、20.575m、22.811m、23.308m，位于 3 倍挖深外；

16）场地南侧延安路高架二层开挖区域道路管线：信息、供电、煤气、电话、给水管道距离基坑最近分别为 19.183m、19.829m、20.575m、22.811m、23.308m，位于 2～3 倍挖深内。

根据上海市工程建设规范《建筑基坑工程技术规范》，本次方案环境保护等级及基坑变形控制标准如表 4-6。

环境保护等级及基坑变形控制标准指标　　　　　　　　　　表 4-6

位置	基坑环境保护等级	开挖深度(m)	围护结构最大侧移	坑外地表最大沉降
地铁区间隧道	一级	7.3	$0.18\%H=13.14$mm	$0.15\%H=10.95$mm
地铁出入口	一级	7.3	$0.18\%H=13.14$mm	$0.15\%H=10.95$mm
6 号楼历史保护建筑	一级	10.8	$0.18\%H=19.44$mm	$0.15\%H=16.20$mm
7 号楼历史保护建筑	一级	10.8	$0.18\%H=19.44$mm	$0.15\%H=16.20$mm
8 号楼历史保护建筑	一级	7.3	$0.18\%H=13.14$mm	$0.15\%H=10.95$mm
9 号楼历史保护建筑	一级	7.3	$0.18\%H=13.14$mm	$0.15\%H=10.95$mm
10 号楼历史保护建筑	一级	10.8	$0.18\%H=19.44$mm	$0.15\%H=16.20$mm
11 号楼历史保护建筑	一级	7.3	$0.18\%H=13.14$mm	$0.15\%H=10.95$mm
学生宿舍楼	一级	6.4	$0.18\%H=11.52$mm	$0.15\%H=9.6$mm
水城路信息、电力、给水管道	一级	6.4	$0.18\%H=11.52$mm	$0.15\%H=9.6$mm
延安西路管线（一层开挖区域）	一级	6.4	$0.18\%H=11.52$mm	$0.15\%H=9.6$mm
延安西路管线（二层开挖区域）	一级	10.8	$0.18\%H=19.44$mm	$0.15\%H=16.20$mm
东侧除 11 号楼附近	二级	6.4	$0.30\%H=19.2$mm	$0.25\%H=16$mm

备注：根据上海市地铁沿线建筑施工保护地铁技术管理暂行规定，地铁保护区范围内施工时，地铁结构竖向沉降及水平位移量不超过 20mm；隧道变形曲线的曲率半径不小于 15000m。

总的来说，基坑北侧、南侧、西侧环境保护等级均为一级，除东北角邻近 11 号楼除应按环境保护等级一级考虑外东侧其余部位环境保护等级为二级。

（5）基坑支护方案

支护结构的设计，不仅关系到基坑开挖及周边保护建（构）筑物的安全，而且直接影响着土方开挖以及地下室结构施工等施工成本。基坑支护结构是个系统工程，不仅要保证受力合理，而且要施工方便、工期节省。

1）方案简介

上海国际舞蹈中心项目由于其地段特殊，周边环境复杂，给基坑设计与施工带来了挑战：

① 环境保护要求高

保护建筑：周边建筑中市级保护建筑 6 幢，其中 10 号楼位于基坑内部，需要进行基础托换。其余 5 栋保护建筑距离基坑边线距离均在 1 倍开挖深度以内，其中西侧 8 号楼距离基坑边线最近为 4.094m。

地铁出入口：基坑北侧是地铁 10 号线水城路站 2 号出入口，出入口距离基坑边线最近距离为 4.395m（在 1 倍开挖深度以内）。

地铁 10 号线：地铁 10 号线隧道沿线距离基坑北侧最近距离为 22.586m，在地铁保护距离 50m 以内。

② 基坑形状极不规则

本工程是在拆除原有建筑物之后新建项目，同时考虑保留的 6 栋市级保护建筑的影响，受场地条件的限制，基坑的形状极不规则，给基坑支护设计中支撑的布置带来困难。

③ 施工组织难度大

本工程地处虹桥路历史文化风貌保护区核心保护范围，被多幢保护建筑环绕，三面邻近交通道路，场地条件十分紧张，给施工中的材料堆场、机械布置等带来较大的困难。

充分考虑上述因素，基坑设计方案按"先深后浅分区施工"的原则组织施工。如何分区？有如下两种方案：

方案一：按常规的"先深后浅"分区方案，即按挖深进行分区。则先施工地下二层区域，后施工地下一层区域。但是，本工程地下一层及地下二层基坑平面形状极不规则，且地下二层基坑最大长度也达到 220m，导致支撑布置困难，因支撑传力不直接而使基坑变形难以控制，环境保护难以符合规范要求。

方案二：根据基坑形状分区，将之分成如图 4-19 所示的 3 个区，则各区基坑形状相对规则，且每个区基坑面积也大约减小为 1 万 m² 左右；另外，该方法分区可以发现，基坑中间区域大部分地下二层，两侧局部为地下二层，同样采取"先深后浅"的施工方案，先施工中间深区 3 区，后施工两侧 1 区和 2 区，既解决了支撑布置难的问题，有效地控制了基坑变形，减小基坑施工对周围环境影响，还能解决施工场地紧张的问题。

综合考虑，采用方案二。

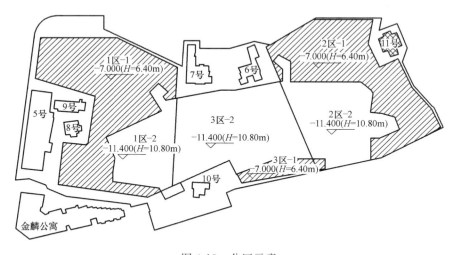

图 4-19　分区示意

2）施工流程

第一步：场地平整，施工硬地坪后进行围护桩施工，包括钻孔灌注桩、止水帷幕、重力坝、坑内加固、立柱桩和格构柱的施工，并在坑内采取深井降水；

第二步：基坑内土方开挖 3 区第一皮土至第一道支撑面标高，开槽浇筑第一道混凝土圈梁及水平钢筋混凝土支撑系统；

第三步：待混凝土强度达到设计强度的 80% 后，开挖 3 区土体至地下一层坑底标高；

第四步：浇筑 3-1 区地下一层区域混凝土垫层；

第五步：3-1 区及 3-2 区开槽浇筑第二道钢筋混凝土支撑及围檩；

第六步：待混凝土强度达到设计强度的 80% 后，开挖 3-2 区至地下二层坑底标高；

第七步：浇筑 3-2 区地下二层区域混凝土垫层、底板及传力带；

第八步：待底板及传力带达到设计强度的 80% 后，拆除 3-2 区第二道支撑；

第九步：顺作法施工 3-2 区至地下一层结构楼板标高及 3-1 区基础底板，并设置混凝土传力带；

第十步：待 3-1 区基础底板，3-2 区地下一层结构楼板及传力带达到设计强度的 80% 后，拆除 3 区第一道支撑；

第十一步：3 区顺作法施工地下一层至地下室顶板标高；

第十二步：基坑内土方开挖 1 区及 2 区第一皮土至第一道支撑顶面标高，开槽浇筑第一道混凝土圈梁及水平钢筋混凝土支撑系统；

第十三步：待混凝土强度达到设计强度的 80% 后，开挖 1 区和 2 区土体至地下一层坑底标高；

第十四步：浇筑 1-1 区及 2-1 区地下一层区域混凝土垫层；

第十五步：施工 1-2 区及 2-2 区第二道混凝土围檩，开槽浇筑第二道钢筋混凝土支撑；

第十六步：待混凝土强度达到设计强度的 80% 后，开挖 1-2 区及 2-2 区至地下二层坑底标高；

第十七步：拆除分割墙，保留分割墙区域立柱桩及立柱；

第十八步：浇筑 1-2 区及 2-2 区地下二层区域混凝土垫层、底板及传力带换撑；

第十九步：待底板及传力带达到设计强度的 80% 后，拆除第二道支撑；

第二十步：顺作法施工 1-2 区、2-2 区至地下一层结构楼板标高，浇筑 1-1 区、2-1 区基础底板及 1-2 区、2-2 区地下一层结构楼板，并设置混凝土传力带；

第二十一步：待地 1-1 区、2-1 区基础底板，1-2 区、2-2 区地下一层结构楼板及传力带达到设计强度的 80% 后，拆除第一道支撑；

第二十二步：顺作法施工 1 区及 2 区地下一层至地下室顶板标高。

3）挖土方案

挖土、出土及运输通道作如下安排：

① 栈桥设置

栈桥位置为图 4-20 中阴影区域。

② 出土通道设置

出土通道位置分别设置于 1 区与 2 区的南北两侧各一个。图 4-20 中箭头所示出土通道位置。

③ 挖土顺序

首先开挖 3 区土体。3 区内土体开挖利用栈桥位置，从 1 区和 2 区北侧出土通道出土。

1 区和 2 区开挖地下室一层区域土体时，由南向北边退边挖，并从北侧出土通道

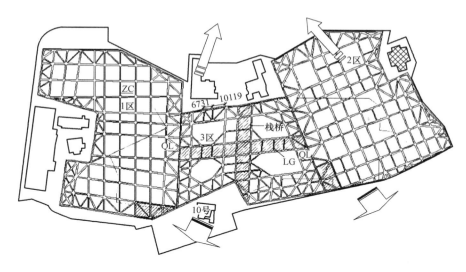

图 4-20　挖土示意

出土。

1 区和 2 区开挖地下室二层区域土体时，利用 1 区和 2 区内的栈桥，从 1 区和 2 区南侧出土通道出土。

4）围护体方案

① 钻孔灌注桩

基坑周边围护结构采用钻孔灌注桩，采用钻孔灌注桩围护有如下优点：钻孔灌注桩受力性能可靠、工艺成熟，且桩径可根据挖深灵活调整，土体位移较小；造价不受施工工期的影响；施工对周边环境影响小。

围护体尺寸：综合基坑开挖深度、土质条件、周边环境保护要求，钻孔灌注桩设计参数见表 4-7。

钻孔灌注桩混凝土强度等级为 C30。

钻孔灌注桩情况表　　　　　　　　　　　　　　　　　　表 4-7

区域	直径（mm）	开挖深度（m）	入土深度（m）	有效长度（m）
1-1 剖面	1000	6.4（基坑边承台处 7.3m）	11.6	18.0
1α-1α 剖面	1000	6.4（基坑边承台处 7.3m）	11.6	18.0
2-2 剖面	1000	6.4（基坑边承台处 7.3m）	11.6	18.0
3-3 剖面	1000	6.4（基坑边承台处 7.3m）	11.6	18.0
4-4 剖面	1000	10.8	9.30	19.0
5-5 剖面	800	6.4（基坑边承台处 7.3m）	11.6	18.0
6-6 剖面	1000	10.8	11.3	21.0
9-9 剖面	1000	6.4（基坑边承台处 7.3m）	11.6	18.0
深区局部落深处	600	4.4	5.6	10.0

② 止水帷幕

止水帷幕采用 $\phi 850@600$ 三轴搅拌桩，水泥掺量 20%。基坑开挖深度 6.4m 处搅拌桩桩长为 14m，基坑开挖深度 10.8m 处搅拌桩桩长为 17m。

地下室二层开挖范围内⑤₂层承压水存在突涌的可能，止水帷幕隔断⑤₂层承压水层，地下室二层基坑范围止水帷幕长度分别为 28m 和 22m。

③ 落深区域

基坑内地下室二层区域落深 4.4m，落深区域设置钻孔灌注桩围护，$\phi 600@800$，桩长 10m。

5) 坑内加固

本次基坑支护方案设计中仅考虑基坑施工对其周边环境的影响而采取有效的坑内加固措施。为减少基坑开挖对周边环境的影响，方案拟采用 $\phi 850@600$ 三轴水泥土搅拌桩对坑内土体进行加固，以提高坑底被动区土体抗力，减小基坑变形。地铁 10 号线隧道沿线南侧及保护建筑周边的三轴水泥土搅拌桩呈裙边式满堂布置，沿基坑周边加固体宽度为 6.25m，深度范围具体见围护结构剖面及基坑地基加固平面布置图。其中，坑底以上搅拌桩水泥掺量为 15%，坑底以下水泥掺量为 20%。

基坑西侧靠近水城南路管线最近距离 7.0m，为减少基坑开挖对管线的影响，坑底采用 $\phi 700@500$ 双轴水泥土搅拌桩加固，水泥掺量 13%，加固宽度 4.2m，深度为坑底以下 4.0m。

宿舍楼、金麟公寓、延安西路（一层开挖区）及基坑东南角（一层开挖区），坑底采用 $\phi 700@500$ 双轴水泥土搅拌桩加固，水泥掺量 13%，加固宽度 4.2m，深度为坑底以下 4.0m。

延安西路（二层开挖区）基坑南侧靠近管线最近距离 9.0m，为减少基坑开挖对管线的影响，坑底采用 $\phi 850@600$ 三轴水泥土搅拌桩加固，水泥掺量 20%，加固宽度 6.25m，深度为坑底以上 8.8m，坑底以下 7.2m。

6) 支撑系统

① 水平支撑

基坑整体设置一道钢筋混凝土支撑，局部落深区域设置第二道钢筋混凝土支撑。

水平支撑采用角撑＋对撑＋边桁架的形式。

第一道支撑中心标高为 -2.1m，围护体第一道混凝土圈梁截面 1200mm×1000mm，主撑截面 1000mm×800mm，连杆截面 700mm×800mm；第二道支撑中心标高 -7.50m，混凝土围檩截面 800mm×1000mm，主撑截面 1000mm×1000mm，连杆截面 800mm×800mm。混凝土支撑强度等级均采用 C30。

② 立柱及立柱桩

支撑立柱均采用型钢格构立柱，其下设置钻孔灌注桩，型钢格构立柱在穿越底板的范围内需设置止水片，立柱锚入桩内长度 3m。

立柱及立柱桩尺寸：格构柱采用 4L140×12 型号，截面尺寸为 440mm×440mm，一层地下室区域格构柱长为 7.9m，二层地下室区域格构柱长为 12.3m。栈桥区域格构柱采用 4L160×14 型号，截面尺寸为 460mm×460mm。

立柱桩采用 $\phi 800$ 的钻孔灌注桩，根据地勘资料，⑤₃层为硬持力层，为较好的桩基持力层，立柱桩选择该层为持力层，一层地下室区域桩长 21.5m，二层地下室区域桩长为 25.0m，分割墙处立柱桩桩长 31.0m。

7) 无障碍电梯井处理

由于无障碍电梯井已经进入基坑开挖边线范围之内，钻孔灌注桩及三轴搅拌桩止水帷幕只能分别打设至无障碍电梯两侧。

无障碍电梯井处原围护方案：$\phi800@1000$ 钻孔灌注桩＋$\phi800@600$ 高压旋喷桩止水帷幕。

根据现状，无障碍电梯井处基坑支护设计如图 4-21 所示。利用电梯井处原有钻孔灌注桩围护，局部采用高压旋喷桩处理新增围护与原有围护之间的冷缝。

无障碍电梯处围檩、支撑布置如图 4-22 所示。无障碍电梯处圈梁 500mm×800mm。由于无障碍电梯井角上正好设有支撑角点，故在角点区域范围内设置 200 厚混凝土板使整个角点成为一个整体，以减小无障碍电梯的不均匀受力。

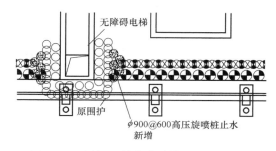

图 4-21　地铁 10 号线水城路站 2 号出入口
残疾人电梯井支护结构布置图

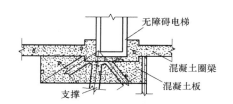

图 4-22　地铁 10 号线水城路站 2 号出入口
残疾人电梯井围檩、支撑布置图

（6）施工技术要求

钻孔灌注桩

1）钻孔灌注桩围护墙的施工应符合现行上海市工程建设规范《钻孔灌注桩施工规程》DG/TJ 08-202—2007 的相关规定。

2）施工前应试成孔，试成孔数量应根据工程规模和场地地质条件确定，且不宜少于 2 个。

3）灌注桩排桩应采用间隔成桩的施工顺序，刚完成混凝土浇筑的桩与邻桩成孔安全距离不应小于 4 倍桩径，或间隔时间不应少于 36h。

4）钢筋笼应设置加强箍筋，加强箍筋应满足吊放过程中钢筋笼的整体性要求，钢筋笼骨架不得产生不可恢复的变形。加强箍筋应焊接封闭，直径不宜小于 12mm，间距不宜大于 2m。

5）灌注桩排桩桩顶泛浆高度不应小于 500mm，设计桩顶标高接近地面时桩顶混凝土泛浆应充分，凿去浮浆后桩顶混凝土强度应满足设计要求。混凝土强度应比设计桩身强度提高等级进行配制。

6）灌注桩排桩围护墙桩身范围内存在较厚的粉性土、砂土层时，宜适当提高泥浆比重和增加泥浆黏度，必要时可采用膨润土泥浆护壁。

7）开挖以前，对围护桩须钻孔取芯，要求 28d 无侧限抗压强度 q_u 应大于 0.8MPa。

三轴搅拌桩

1）施工前应通过成桩试验确定搅拌下沉和提升速度、水泥浆液水灰比等工艺参数等成桩工艺，成桩试验不宜少于 2 根。

2）搅拌下沉速度宜控制在 0.5m/min～1m/min 范围内，提升速度宜控制在1m/min～2m/min 范围内，并保持匀速下沉或提升。提升时不应在孔内产生负压造成周边土体的过大扰动，搅拌次数或搅拌时间应能保证水泥土搅拌桩的成桩质量。

3）对于硬质土层，当成桩有困难时，可采用预先松动土层的先行钻孔套打方式施工。桩与桩的搭接时间间隔不宜大于 24h。

4）搅拌机头在正常情况下为上下各一次对土体进行喷浆搅拌，对含砂量大的土层，宜在搅拌桩底部 2～3m 范围内上下重复喷浆搅拌一次。

5）对环境保护要求高的基坑工程，宜选择挤土量小的搅拌机头，并应通过试成桩及其监测结果调整施工参数。当临近保护对象时，搅拌下沉速度宜控制在 0.5m/min～0.8m/min 范围内，提升速度宜小于 1m/min；喷浆压力不宜大于 0.8MPa。

6）基坑开挖前应检验水泥土搅拌桩的桩身强度，强度指标应符合设计要求。水泥土搅拌桩的桩身强度宜采用浆液试块强度试验的方法确定，也可采用钻取桩芯强度试验的方法确定。采用浆液试块强度试验和钻取桩芯强度试验进行质量检测应符合下列要求：

① 浆液试块强度试验应提取刚搅拌完成而尚未凝固的水泥土搅拌桩浆液。试块制作应采用 70.7mm×70.7mm×70.7mm 立方体试模。试验数量及方法为每台班抽查 2 根桩，每根桩设不少于 2 个取样点，应在基坑坑底以上 1m 范围内和坑底以上最软弱土层处的搅拌桩内设置取样点，每隔取样点制作 3 件水泥土试块。

② 钻取桩芯强度试验宜采用 $\phi110$ 钻头，钻取搅拌桩施工后 28d 龄期的水泥土芯样，钻取的芯样应立即密封并及时进行无侧限抗压强度试验。取芯数量不宜少于总桩数的 2%，且不应少于 3 根。每根桩取芯数量为在连续钻取的全桩长范围内的不同深度和不同土层桩芯上取不应少于 5 点，且在基坑坑底附近应设取样点，每点 3 件试块。钻取桩芯得到的试块强度宜乘以 1.2～1.3 的系数。钻孔取芯完成后的空隙应注浆填充。

③ 当能够建立静力触探、标准贯入或动力触探等原位测试结果与浆液试块强度试验或钻取桩芯强度试验结果的对应关系时，也可采用试块或芯样强度试验结合原位试验的方法综合检验桩身强度。

特别说明的是，隔断⑤₂ 层承压水的三轴搅拌桩施工冷缝用高压旋喷桩进行加固处理。

双轴搅拌桩

1）双轴水泥土搅拌桩单桩断面尺寸统一为 $\phi700@500$，相邻桩搭接 200，水泥掺入比 13%。

2）土的天然重度平均按 18kN/m³，水灰比 0.55，外掺剂由施工单位根据本场地地质情况和经验确定。

3）搅拌桩施工必须坚持两喷三搅的操作顺序，且喷浆搅拌时钻头提升（下沉）速度不宜大于 0.5m/min。

4）施工桩位偏差不大于 50mm，垂直度偏差不大于 1/150。

5）桩身 28d 无侧限抗压强度不低于 0.4MPa。

6）相邻桩的搭接时间间隔不宜大于 24h。

7）基坑开挖前应检验水泥土搅拌桩的桩身强度，强度指标应符合设计要求。水泥土搅拌桩的桩身强度宜采用制作水泥土试块的方法确定，也可采用钻取桩芯强度试验的方法确定。采用水泥土试块试验和钻取桩芯强度试验进行质量检测应符合下列要求：

① 试块制作应采用 70.7mm×70.7mm×70.7mm 立方体试模。试验数量及方法为每台班抽查 2 根桩，每根桩设不少于 2 个取样点，应在基坑坑底以上 1m 范围内和坑底以上最软弱土层处的搅拌桩内设置取样点，每隔取样点制作 3 件水泥土试块。

② 钻取桩芯强度试验宜采用 φ110 钻头，钻取搅拌桩施工后 28d 龄期的水泥土芯样，钻取的芯样应立即密封并及时进行无侧限抗压强度试验。取芯数量不宜少于总桩数的 0.5％，且不应少于 3 根。每根桩取芯数量不应少于 3 点，每点 3 件试块。钻取桩芯得到的试块强度宜乘以 1.2～1.3 的系数。钻孔取芯完成后的空隙应注浆填充。

水平支撑

1）钢筋混凝土支撑配筋应符合设计要求。

2）钢筋混凝土施工应符合相关施工技术要求。

3）挖土至压顶梁底面标高后，应按设计要求绑扎钢筋→架设模板→浇筑圈梁混凝土（混凝土强度等级均为 C30）。施工车辆如需在支撑上行走，必须覆土 300 并铺设走道板，架空于支撑上方。但不得在底部掏空的支撑构件上行走与操作。

立柱及立柱桩

立柱在底板范围内应设置止水片。立柱桩施工应满足：

1）立柱桩的施工应符合现行上海市工程建设规范《钻孔灌注桩施工规程》DG/TJ 08-202—2007 的相关规定。

2）立柱桩护筒中心与桩位中心偏差小于 30mm；

3）成桩中心与桩位中心偏差小于 50mm；

4）立柱桩桩身垂直度偏差不大于 1/150；

5）沉渣厚度不大于 100mm（浇灌混凝土前）；

6）桩身混凝土强度等级 C30（水下混凝土提高一级）；

格构立柱中心与钢筋笼中心应在同一轴线上，成桩后立柱垂直度偏差不大于 1/200，立柱顶标高与设计标高偏差小于 30mm。

土方开挖

1）土方开挖前施工单位应编制详细土方开挖的施工组织设计，并在取得基坑围护设计单位认可后方可实施。

2）土方开挖的顺序、方法必须与设计工况一致。施工顺序应遵循先撑后挖的原则。土方开挖、支撑施工应严格实行"分层分段、留土护壁、限时开挖支撑"，将基坑开挖造成的周围设施的变形控制在允许的范围内。

3）土方开挖应在降水及坑内加固达到要求后进行。挖土操作应分层分段间隔开挖，严禁超设计标高开挖。坑底应保留 0.3m 厚基土，采用人工挖除整平，并防止坑底土扰动。混凝土垫层应随挖随浇，即垫层必须在见底后 24 小时以内浇筑完成，以减少基坑大面积暴露时间，控制基坑的回弹隆起。

4）在基坑开挖过程中，施工单位应采取有效措施，确保边坡留土及动态土坡的稳定性；施工单位应严格按照土方开挖的施工组织设计进行，慎防土体的局部坍塌造成主体工程桩移位破坏、现场人员损伤和机械的损坏等工程事故。

5）挖土运土机械严禁直接压过支撑杆件，必须跨越支撑时应覆土 300mm 并用走道板架空。严禁机械碰撞围护墙、工程桩、支撑、立柱和井点管。挖土时宜先掏空立柱四周，避免立柱承受不均匀的侧向土压力。土方开挖和外运过程中，应做好地下管线、道路及测点的保护措施。

6）土方开挖过程中，应尽量缩短基坑无支撑暴露时间，围护体无支撑暴露时间不超过 48 小时。

7）基坑内所有的深坑开挖必须待普遍的垫层形成并达到设计强度要求后方可进行。

8）主体工程桩须待相邻周边区域的垫层完成后方可进行截桩头。

9）开挖过程中发现围护体接缝处渗水应及时采取封堵措施。

10）基坑边严禁大量堆载，并严格控制不均匀堆载。机械进出口通道应铺设路基箱扩散压力，或局部加固地基。

监测

1）周边环境监测

为减小地下工程施工对周围环境带来的影响，及时掌握周围地面建筑物和管线的沉降及变形资料，确保结构安全和环境保护要求，本方案根据业主提供的周边保护建筑的质量检测报告以及《上海市地基基础规范》DGJ 08-11—2010 和《基坑工程设计规程》DBJ 08-61—1997 中关于保护建筑和地下管线的相关监测要求，在基坑施工时对周边环境建议采用以下监测及报警值：

基坑施工监测表

表 4-8

编号	监测项目	监测报警值
1	6 号、7 号楼	沉降速率达到 2mm/d 且累计沉降量达到 16mm 倾斜率增量到达 1‰ 最大累计水平位移达到 20mm（参考值） 地下水位变化达到 300mm 墙体裂缝宽度增量达到 1mm
2	8 号、9 号、11 号楼	沉降速率达到 2mm/d 且累计沉降量达到 10mm 倾斜率增量到达 1‰ 最大累计水平位移达到 12mm（参考值） 地下水位变化达到 300mm 墙体裂缝宽度增量达到 1mm
3	地铁出入口	沉降速率达到 2mm/d 且累计沉降量达到 10mm 倾斜率增量到达 1‰ 最大累计水平位移达到 12mm（参考值） 地下水位变化达到 300mm 墙体裂缝宽度增量达到 1mm
4	隧道	沉降速率达到 2mm/d 且累计沉降量达到 20mm 最大累计水平位移达到 20mm 相对弯曲曲率超过 1/2500
5	地下管线	沉降速率达到 2mm/d 且累计沉降量达到 10mm，相邻两测点差达到 8mm。

2）基坑监测

为了保证基坑本身的安全，及时掌握围护墙、支撑、立柱的变形情况，确保基坑安全、顺利施工，本方案建议进行的监测内容及报警值如下：

① 监测内容

A. 钻孔灌注桩桩顶水平位移及沉降监测

B. 支撑沉降、支撑轴力及楼板应力测试

C. 钢立柱沉降及轴力测试

D. 地下水位及承压水水头监测

E. 围护结构外侧土体压力、侧向变形及沉降监测

F. 坑底土体回弹及隆起

② 报警值

根据上海市现行规范的相关要求，结合本工程的周边条件和设计工况，提出报警值参考值如下：

A. 墙顶位移：速率 3mm/d，累计 30mm

B. 墙体倾斜：速率 3mm/d，累计 30mm

C. 立柱桩差异沉降：10mm

D. 立柱应力：设计允许值的 80%

E. 坑外水位：300mm

(7) 基坑变形分析及环境影响评价

1）计算模型

本方案采用平面有限元程序对基坑的施工过程进行了模拟分析，对临近历史保护建筑、隧道沿线和管线的影响进行预测。根据方案说明中对周围环境的描述，下文将利用 PLAXIS 有限元软件进行模拟分析，针对四个主要剖面的各施工工况对周边环境的影响进行分析评价。

土体模型：根据土体的性质以及软件内置的本构模型，本方案对土体采用了 Hardening-soil 模型，该模型广泛应用于岩土工程中，对基坑开挖模拟较为适合。计算中的土体参数根据岩土勘察报告提供，变形模量则根据地质报告所提供的压缩模量及大量类似工程的监测数据反演得到。

结构模型：根据软件的内置材料模型并结合实际情况，对围护结构采用 plate 单元模拟，该单元可以设定抗弯刚度以及抗压刚度等参数；支撑系统采用 Anchor 单元模拟，由于支撑有一定的间距，因此若按照二维问题处理需要进行一定换算，该单元只需输入抗压刚度、支撑间距以及支撑长度，软件可自动换算并按照二维问题处理。

计算模型：为减小模型边界对模拟结果的影响，必须采用足够尺寸的计算模型。同时对模型边界进行约束，左右两侧进行 X 向约束，下侧进行 Y 向约束。采用 15 节点三角形单元进行模拟土体。

几何尺寸：模型长度范围为基坑两边各 25m，深 35m。

荷载：考虑基坑边施工均布荷载 20kPa。

2）施工工况模拟

为了反映初始应力状态及施工过程，计算施工步见下表。

① 地下一层区域

工 况	内 容
施工步 1	计算初始应力场
施工步 2	施工围护桩
施工步 3	表层土体开挖并施工第一道撑
施工步 4	开挖至坑底
施工步 5	施工底板、换撑
施工步 6	拆除第一道支撑

② 地下二层区域

工 况	内 容
施工步 1	计算初始应力场
施工步 2	施工围护桩
施工步 3	表层土体开挖并施工第一道撑
施工步 4	开挖至第二道支撑底并施工第二道支撑
施工步 5	开挖至坑底
施工步 6	施工底板、换撑
施工步 7	拆除第二道支撑
施工步 8	施工地下一层结构楼板及传力带
施工步 9	拆除第一道支撑

3）计算模型及结果（略）

4）计算结果分析

各个剖面分别考虑基坑开挖过程对周边环境的变形影响及围护桩自身的变形，计算结果汇总如下：

计算剖面	围 护 桩			道 路 沉 降		
	总位移最大值（mm）	水平位移最大值(mm)	竖向位移最大值(mm)	总位移最大值（mm）	水平位移最大值(mm)	竖向位移最大值(mm)
1-1 剖面（8 号 9 号楼东侧）	9.86	9.84	0.79	13.59	7.33	12.83
规范要求	13.14			20.00		
是否满足	√			√		
计算剖面	围 护 桩			道 路 沉 降		
	总位移最大值（mm）	水平位移最大值(mm)	竖向位移最大值(mm)	总位移最大值（mm）	水平位移最大值(mm)	竖向位移最大值(mm)
2-2 剖面（隧道沿线）	11.09	11.08	0.487	8.10	5.92	6.36
规范要求	21.90			20.00		
是否满足	√			√		

计算剖面	围 护 桩			道 路 沉 降		
3-3剖面（6号7号楼南侧）	总位移最大值（mm）	水平位移最大值（mm）	竖向位移最大值（mm）	总位移最大值（mm）	水平位移最大值（mm）	竖向位移最大值（mm）
	11.31	11.25	1.44	8.18	3.90	7.83
规范要求	19.44			20.00		
是否满足	√			√		
计算剖面	管 线			道 路 沉 降		
4-4剖面（基坑南侧管线）	总位移最大值（mm）	水平位移最大值（mm）	竖向位移最大值（mm）	总位移最大值（mm）	水平位移最大值（mm）	竖向位移最大值（mm）
	4.43	0.605	4.41	7.24	2.74	6.70
规范要求	10.00			20.00		
是否满足	√			√		
计算剖面	围 护 桩			道 路 沉 降		
5-5剖面（坑中坑）	总位移最大值（mm）	水平位移最大值（mm）	竖向位移最大值（mm）	总位移最大值（mm）	水平位移最大值（mm）	竖向位移最大值（mm）
	9.47	9.38	1.35	10.05	6.66	9.33
规范要求	13.14			20.00		
是否满足	√			√		

说明：√为满足规范要求。

通过平面有限元方法对以上 5 个剖面进行基坑开挖全过程的计算模拟，模拟结果对照表《环境保护等级及基坑变形控制标准指标》，计算结果符合规范要求。

（三）MJS 加固施工技术

1. 概述

（1）MJS 工法发展背景

MJS 工法（Metro Jet System）又称全方位高压旋喷工法，是整合过去日本 30 年以来的各种喷射注浆施工工艺研究出来的日本最新的、符合我国建设发展需求的土木施工技术，也称之为新一代的地基注浆加固施工技术。

MJS 工法是从综合角度出发，将硬化材料泥浆的配料、加压输送、喷射、底层切削、混合、孔内强制排浆、集中泥浆这一系列工序作为监控对象。是一种能进行水平地基加固和 360°全方位地基加固的施工方法，对于周边环境及地基扰动影响极其微小；能实施大深度地基加固及水面下的施工，并且可以选择排泥场所。

MJS 工法注浆加固技术解决了传统水平旋喷施工中排浆和环境影响问题，又由于其独特的优势和工程需要应用到了倾斜和垂直施工过程中。

（2）MJS 工法应用现状与前景

随着上海市政建设和高层建筑包括地铁车站，隧道和高层建筑地下室等地下建（构）筑物工程在近十余年来的迅猛发展，上海地区的软土特性及建筑物、管线密集的特点，使得地基加固技术已成为保障地下工程施工安全必不可少的辅助措施。基坑深度也突破初期的十米以内，朝着更深的十几、二十几甚至三四十米、五六十米发展。这种发展趋势造成了原有的常用基坑土体加固方法如注浆（各种注浆工艺、双液速凝注浆等）、双轴搅拌桩、三轴搅拌桩（SMW 工法桩）、高压旋喷桩、降水等加固方式已较难适用。这些传统工艺在施工过程中往往会产生地面隆起，地表开裂，影响了周围建（构）筑物、市政管线的正常使用，甚至会产生更为严重的破坏。而自日本引进的 MJS 工法，能很好地解决大深度地下空间开发过程中地基加固这一难题。

MJS 工法具有向土体实现多方向加固的特点，通过对坑外土体侧向加固实现基坑稳定，是旋喷桩和搅拌桩土体加固技术的发展，优于现行常规的单向加固技术。该加固工艺利用专用前端切削装置在土体中成孔，在成孔同时通过多孔管及前端切削装置向土体内注射水泥砂浆液，浆液同砂土混成水泥土，退出切削装置时在施工区域形成水泥土凝固体。同时，利用前端切削装置上分布有的压力传感器、排泥孔、喷浆孔等，实现了孔内强制排浆和地内压力的监测，并通过调整强制排浆量来控制地内压力，以防止地内压力过大对地面造成隆起，大幅度减少对环境的影响，而地内压力的降低也进一步保证了成桩直径，确保了地基加固的效果。使得 MJS 工法对土体的加固具有主动出击的特点，适用于各类堤坝、基坑围护、边坡、隧道等软弱土层的加固。

该技术已成功用于上海、天津等地多个建筑基坑工程，最大加固深度达到 10m 以上，取得了一定的工程经验。

2. MJS 工法施工工艺

MJS 工法是一种利用超高压喷射流体，来进行地层切削、土体与固化液混合、搅拌，实现地基加固的一种施工方法。在这一点上，MJS 工法充分地应用了已有的传统高压喷射注浆工艺的可取之处，并且同时利用其独特的工艺装置弥补了传统工艺的不足之处。

（1）工艺原理及工艺关键装置

1）传统高压喷射注浆工艺的不足

传统高压喷射注浆工艺通过气升的效果，使产生的多余泥浆是通过土体与钻杆的间隙，在地面孔口处自然排出。但是，随着施工深度的增加，气升效果会越来越弱，高压喷射的喷射效率会下降。并且这样的排浆方式往往造成地层内压力偏大，导致周围地层产生较大变形、地表隆起。同时在加固深处的排泥比较困难，造成钻杆和高压喷射枪四周的压力增大，往往导致喷射效率降低，影响加固效果及可靠性。

2）MJS 工法工艺原理

为了解决这些传统注浆工法存在的问题，MJS 工法配备了新型研发的前端切削装置（习惯称之为 Monitor）和多孔管，多孔管是由排泥管、高压水泥浆管、倒吸水管、主空气管、倒吸空气管、排泥阀传感器控制线管路、削孔喷水管、多孔管连接螺栓孔、备用管路等组成。前端切削装置分布有压力传感器、排泥口、喷浆口等。实现了孔内强制排浆和地内压力监测，并通过调整强制排浆量来控制地内压力，以防止地内压力过大对地面造成隆起，大幅度地减少了对环境的影响，而地内压力降低也进一步保证了成桩直径，确保了地基加固的效果。如图 4-23 所示。

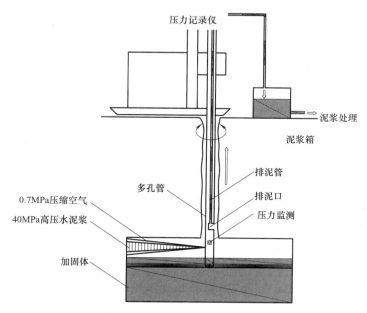

图 4-23　MJS工法工艺原理图

3）MJS工法施工关键装置

① 前端切削装置：在 MJS 工法中所使用的前端切削装置，具有可以测量地基内压力的压力传感器和配置有吸入排泥的排泥口等的多功能多孔管。其外径约为 140mm 左右，简捷紧凑。

② 强制排浆系统：改良过程中的所排放的浆液，通过特殊装置吸出。另外，还可以调整地基内压力和动态排泥量。通过在多孔管内确保排浆专用管，实现了全部吸收排放出的浆液，因此可以在清洁的环境下施工。

③ 后台管理装置：MJS工法配有的后台管理装置，对于地内压力、空气压力及流量、水泥浆压力及流量、倒吸水压力及流量在管理装置面板能够清楚地显示，如此便能依据这些资料加强对施工的管理和控制，并且还可以将其作为后期材料保存起来。

4）MJS工法工艺流程

MJS工法是一种可实现多方位 360°角方向施工的一种新型注浆加固技术，可分为水平施工、倾斜施工和垂直施工三大类。

① 水平施工：这是一种最适用于地下埋设物较为密集的城市中从地面上进行施工较为困难的施工环境下的施工工艺。通过控制地基内压力，可以不会对地表及地下构造物造成影响，适用面极广。

施工顺序：

A. 开孔密封套管的设置：在坑口安装开口密封套管，并进行养护。

B. 多孔管的设置：安装专用桩架，进行前端装置的喷射测试后，通过多孔管进行削孔直至计划深度。

C. MJS 工法加固工序：一边保持所规定的提升速度和摇摆角度，一边回拔多孔管，进行加固施工。

D. 多孔管钻杆分割，回收工序：一个提升行程土体加固完成后，分割多孔管并回收。

E. C～D 的施工流程按顺序反复操作，进行计划加固深度的施工。

② 倾斜施工：适用于低空限制或施工作业面场地受限制的情况，可以进行传统高压喷射工艺无法实现的范围内的加固工程。

施工顺序：

A. 开孔密封套管的设置：在坑口安装开口密封套管，并进行养护。

B. 多孔管的设置：安装专用桩架，进行前端装置的喷射测试后，通过多孔管进行削孔直至计划深度。

C. MJS 工法加固工序：一边保持所规定的提升速度和摇摆角度，一边回拔多孔管，进行施工。

D. 多孔管钻杆分割，回收工序：一个提升行程土体加固完成后，分割多孔管并回收。

E. C～D 的施工流程按顺序反复操作，进行计划加固深度的施工。

③ 垂直施工：适合河流下施工和重要构造物的临近施工以及超深度施工，在河流施工中，无须围堰就可以进行高压喷射施工，不会由于施工排泥，污染埋设管及构造物，通过改变摇摆角度，不会使埋设管、构造物受到损伤，还可以运用于加固深度大的深基坑工程。

施工顺序（垂直施工一般只使用多孔管）：

A. 多孔管削孔：采用 MJS 垂直专用桩架、进行多孔管削孔至规定深度。

B. MJS 改良施工：喷射测试之后，以所规定的提升速度和旋转次数，进行计划深度的施工。

C. MJS 改良施工完毕：改良施工完成后，提取多孔管。

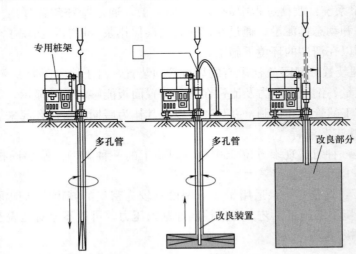

图 4-24　MJS 工法垂直施工流程示意

5）MJS 工法施工步骤

MJS 工法加固土体分为两个阶段：

第一阶段为削孔阶段，削孔时将 1.5m 的钻杆和前端装置连接，顶出多孔管，直到计划施工深度。若地基较硬，需要长距离施工时，可用多层双孔管施工，成孔过程也可采用 G2-A 工程钻机或阿特拉斯钻至设计深度，预先成孔。

第二阶段为摇摆喷射阶段，通过安装在钻头底部侧面的特殊喷嘴，置入土体深度后，用高压泵等高压发生装置，以 40MPa 左右的压力将硬化材料及空气从喷嘴喷出去，并一边将多孔管抽回。由于高压喷射流具有强大的切削能力，因此，喷浆的浆液一边切削四边土体，土体在喷射流的冲击力、离心力和重力的作用下，与浆液搅拌混合，并按一定的浆土比例及质量大小有规律地重新排列，浆液凝固后，便在土中形成各种形状的加固体。

MJS 工法摇摆喷射是采用步进喷射，即一步一步向上喷，一步作为一个步距，通常每一个步距为 25mm，每一个步距来回喷射一个单位时间，单位时间根据摇摆角度确定。当 360°喷射时，单位时间为 60s。

6）MJS 工法特点

① 施工场地要求低，适用工程范围广：MJS 工法通过射流作用强制性破坏原地层结构，只要高压射流能破坏的土层皆可施工。尤其是对于隧道顶部和底部的加固，它能够在较小的空间里对土体进行加固，对施工场地要求不高。

② 多方位任意角度的施工：MJS 工法采用摆喷形式，即喷嘴来回喷射，固结体的形状为扇形。加固体的形状可以自由设定，5°～360°范围内皆可施工，对施工条件的适应性好。且由于 MJS 工法独特的排浆方式，使其能够在富水土层情况下进行水平加固施工。

③ 对周围环境影响小，超深施工有保证：传统高压喷射注浆工艺产生的多余泥浆是通过土体与钻杆的间隙，在地面孔口处自然排出。这样的排浆方式往往造成底层内压力偏大，导致周围地层产生较大变形、地表隆起。同时在加固深处的排泥比较困难，造成钻杆和高压喷射嘴周边的压力增大，常常导致喷射效率降低，影响加固效果及可靠性。MJS 工法通过地内压力监测和强制排浆的手段，对地内压力进行调控。施工过程中，当压力传感器测得孔内压力较高时，可以控制调节泥浆排出量以达到控制地内压力的目的。可以大幅度减少施工对周边环境地扰动，并保证施工质量。

④ 排浆方式独特，造成环境污染小：MJS 工法配有强制吸浆管，通过倒吸水流的作用，使排泥的内部与外部形成压力差，外面的泥浆被强制吸入，水流具有向上的动力，可以强制排走施工过程产生的废浆。这种独特的排浆方式有利于废浆的集中处理，及施工场地的环境保护。同时由于对地内压力的控制，有效地减少了泥浆进入土壤、水体或是地下管线现象的发生，可减少对环境的污染。

⑤ 桩径大，桩体质量好：喷射流初始压力可达 40MPa，流量约为 90～130L/min，使用单嘴喷射，每米喷射时间可达 30～40min，喷射流量大，作用时间长，再加上稳定的同轴高压空气的保护和对地内压力的调整，使得 MJS 工法桩成桩直径较大，可达 2～2.8m（砂土 N<70，黏土 c<50）。由于直接采用水泥浆液进行喷射，其桩身质量较好。

3. MJS 工法施工设备

MJS 工法主要施工设备：

（1）主机（全液压可旋转式地基改良设备）：由卷扬机、现场监控板、悬臂梁、基座、排泥开闭器用油压泵、现场监视板、钻杆、动力头、MJS专用桩架组成。

（2）前端切削装置：由削孔部分、硬化喷射部分、传感器部分、排泥部分、削孔水喷嘴、浆液喷嘴、压力传感器、排泥阀门等组成。

（3）多孔管：配置有内径62mm，外径70mm的排泥管、直径16mm的高压水泥管、备用管路、倒吸空气2个、主空气管路（切削搅拌）、倒吸水管路、油压接头2个（控制排泥阀）、压力传感器线路管、削孔喷水管（预钻管）、多孔管连接螺栓管孔。

（4）MJS施工管理系统——集中管理室：可监测地内压力、水泥浆压力、水泥浆流量、主空气压力、主空气流量、倒吸水压力、倒吸水流量。

（5）其他辅助设备：风量、流量计，水平封堵装置、倒吸空气适配器、水龙头。

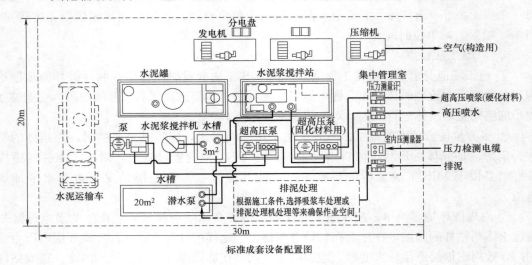

标准成套设备配置图

图4-25　MJS工法标准成套设备配置

4. 工程案例

（1）工程概况

嘉定陈翔路地下通道地基加固项目位于嘉定区南翔镇陈翔路，东西走向布置。地下通道工程包括一条满足双向四车道通行的车行地下通道和两侧满足人行＋非机动车道通行的两条人非地下通道。车行地下通道由西向东依次下穿过古猗园路、轨道交通11号线、沪嘉高速公路和瑞林路，两侧人非地下通道仅下穿沪嘉高速公路。

车行地下通道全长320m，其中暗埋段158m，敞开段长162m。人行通道位于车行通道南北侧各一条。

地道采用明挖顺筑法施工，基坑最大开挖深度为9.520m，开挖宽度约为20.0m～20.8m，其中围护形式根据开挖深度、周边环境等因素分使用型钢水泥土搅拌桩墙、直径800钻孔灌注桩＋MJS旋喷止水帷幕以及基坑内MJS加固明挖顺做施工。车行地道具体平面布置详见图4-26。

（2）地形地貌

本工程位于上海市嘉定区陈翔路，东西走向，依次途经古猗园路、轨道交通11号线、

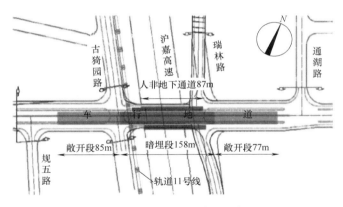

图 4-26　车行地下通道平面布置

沪嘉高速公路、瑞林路。道路两侧主要为单位及民宅等。场地地势总体上较为平坦，勘察期间，勘探孔地面标高一般在 3.87～4.43m 左右，平均标高 4.27m。场地所处的地貌类型单一，属滨海平原相。

（3）地质条件

拟建场地浅部发育的土层主要为①₁填土、②褐黄～灰黄色粉质黏土、③灰色淤泥质黏土、③ₜ灰色砂质粉土夹粉质黏土、④₂灰色砂质粉土、⑤灰色黏土。

①₁填土，表层为水泥地坪，下部含植物根茎，夹碎石、砖块，以黏性土为主。该层土质不均匀，结构松散，土体工程性质差，不宜作为拟建路基的天然地基持力层，对地道开挖不利。

②褐黄～灰黄色粉质黏土，中等压缩性，工程性质较好，有一定的自立性，对基坑开挖有利，但需注意土质由上至下逐渐变软的特性，一般可作为拟建道路的天然地基持力层。

③ₜ灰色砂质粉土夹粉质黏土及④₂灰色砂质粉土，中等压缩、松散状态，该层在地下水动力作用下，易发生管涌、流砂等不良地质现象。

③灰色淤泥质黏土，属高压缩性、高灵敏度土，工程性质较差，土体易扰动及坑底土隆起等不良现象，为天然地基主要压缩层。

⑤灰色黏土，软塑状态，高压缩性，工程性质一般，为天然地基的压缩层。土层特性详见表 4-9。

本工程地层特性表　　　　　　　　　　　　　　　　　　　表 4-9

层序	土层名称	层厚	层底标高	成因类型	颜色	湿度	状态	密实性	压缩性
水	水	1.20～2.70	1.59～0.99						
①₀	河底淤泥	0.70～1.40	0.39～−0.61	滨海～河口	灰黑色				
①₁	填土	0.40～4.40	3.98～0.04	滨海～浅海	杂色				
②	粉质黏土	0.80～2.20	2.68～0.02	滨海～浅海	褐黄～灰黄	饱和	软塑		中等
③	淤泥质黏土	0.70～7.90	1.25～−9.91	滨海～浅海	灰色	饱和	流塑		高
③ₜ	砂质粉土夹粉质黏土	0.70～4.20	−0.16～−3.77	滨海～浅海	灰色	饱和		松散	中等

层序	土层名称	层厚	层底标高	成因类型	颜色	湿度	状态	密实性	压缩性
④₂	砂质粉土	1.40～5.60	−8.43～−13.20	河口～湖泽	灰色	饱和		松散	中等
⑤	灰色黏土	4.40～17.60	−11.29～−24.19	河口～滨海	灰色	饱和	软塑		高
⑥	粉质黏土	1.00～8.10	−15.50～−24.81	滨海～浅海	暗绿～灰黄	饱和	可塑		中等
⑦	砂质粉土	1.90～7.10	−19.63～−26.89	河口～浅海	草黄	饱和		稍密	中等
⑧₁₋₁	粉质黏土	未钻穿	未钻穿	滨海～浅海	灰色	饱和	软塑		中等

（4）地下水类型

根据勘探资料显示，地下静止水稳定水位埋深为 0.70～0.90m，平均＋0.80m，相应水位标高＋3.39～＋3.63m，平均水位标高＋3.50m。勘察资料显示地下水位为浅部土层潜水水位、深部粉性土及砂性土中的承压水。浅部土层潜水水位随着季节、气候等影响而变化，一般离地表面约 0.3～1.5m，年平均水位埋深一般为 0.5～0.7m，设计高水位为0.5m，低水位为 1.5m。④₂灰色砂质粉土层为微承压水含水层，据区域资料，承（微）压水位一般低于潜水位。勘探孔中未见④₂层，仅在利用孔（沪嘉高速处）呈透镜体状分布，该层水量一般不大，按最不利条件考虑时承压水位埋深 3.0m。

（5）不良地质现象

根据勘察结果显示，拟建场地未发现暗浜土。拟建工程位于现有道路，穿越 11 号线、沪嘉高速公路、瑞林路现有道路下分布有一定数量的管线，因管线对施工较为敏感，施工时要重视管线的分布。11 号线为高架桥梁，地道基坑开挖时要重视对桥梁桩基的保护。施工时查阅相关物探报告，以确认地下管线和现有桥梁桩基具体位置。

（6）场地地震效应

拟建场地类别为Ⅳ类，抗震设防烈度为 7 度，设计地震基本加速度为 0.10g，所属的设计地震分组为第一组，地基土属软弱土，拟建场地属建筑抗震不利地段。拟建场地 20m 深度范围内发育③ₜ灰色砂质粉土夹粉质黏土及④₂灰色砂质粉土，采用标准贯入试验及静力触探试验对两层土进行液化判别，判别结果为：场地③ₜ为液化土层，④为不液化土层；场地液化指数平均值 1.88。综合判定拟建场地为轻微液化场地，液化深度大致在 3.1～8.0m。

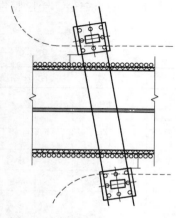

图 4-27　轨道交通 11 号线现状

施工工艺的选择

地下通道暗埋段 A1、A2、A3 节段下穿轨道交通 11 号线，如图 4-27 所示。轨道交通 11 号线处地下通道结构外边线最近处仅 2.47m，由于轨道交通 11 号线正式运营一年左右，如何保证施工期间轨道交通 11 号线的安全平稳运营，是该工程设计的重中之重。轨道交通 11 号线桥下净高仅为 6.06m，对施工设备作业高度存在限制，型钢水泥土搅拌桩、咬合桩等围护结构形式无法实施，该处需采用钻孔灌注桩 MJS 高压旋喷止水的围护结构形式，由于地下桩基距 11 号线桥梁桩基较近，如图 4-28 和图 4-29所示施工过程中应严格控制旋喷桩的地内压力，宜采用

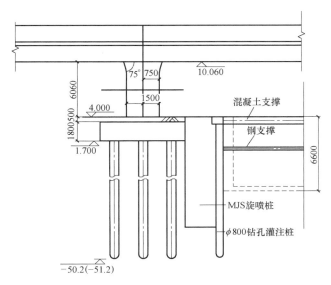

图 4-28　地下通道轨交 11 号线横断面位置关系

图 4-29　地下通道与轨交 11 号线横断面位置关系

MJS 工法施工，施工过程中加强对 11 号线桥梁承台、墩柱及梁体监测和监护，降低施工风险，确保 11 号线的正常运营。

　　MJS 工法能有效地控制地内压力，且设备占地面积小，对场地要求不高。在 MJS 监控器上可以显示地内压力、水泥浆压力和流量，主空气压力和流量以及倒吸水的压力和流量，能够有效地控制各项施工工艺参数。在主机操作面上安装排泥控制装置，通过排泥开关来适时调整排泥量的大小，以便能够很好地控制地内压力，防止地面的隆起或塌陷，使喷射压力充分运用。

　　MJS 工法基坑内外加固施工简况

　　依据南翔大型社区陈翔路（规五路—通湖路）道路工程基坑设计方案和本工程围护施工图，地下通道暗埋段 A1、A2、A3 节段中 800@950 钻孔灌注桩围护结构止水帷幕采用设计直径为 2000mm 的 MJS 工法桩施工，桩顶标高为 +4.00，桩底标高为 −8.00，有效加固体长度为 12m，平行于地道方向桩体搭接 700mm，垂直于地道方向桩体搭接 480mm，MJS 止水帷幕分布在中 800 钻孔灌注桩围护结构基坑对称两侧，每侧止水帷幕长度为 30m，MJS 布桩 34 根，合计 68 根桩。轨交 Ⅱ 号线高架下靠近桥墩地道非挖区采用设计直径为 2@2000 的 MJS 工法桩进行坑内加固，桩顶标高为 +4.00，桩底标高为

—5.00，有效加固体长度为9m，桩体搭接700mm，合计100根桩。

MJS工法垂直施工步骤

本工程利用预设套管的方式进行MJS地基加固施工，其工艺流程包括沟槽开挖、引孔、设置套管、MJS钻杆下放、喷浆、MJS钻杆起拔、套管起拔等。

（1）沟槽开挖：沟槽宽度约为1.0～2.0m，深度1.0～3.0m，沟槽开挖之前应先测量放线，根据施工部位及设计要求，确定施工环境，确认安全后方可开挖。沟槽开挖过程中用镐头机将地下障碍物破除干净，如废电缆、雨水管、污水管、混凝土垫层等，直至露出原状土。在破除及清理地下障碍物时，若破除后空洞过大，需回填素土压实，重新开挖沟槽。沟槽开挖完毕后，需及时将沟槽内混凝土块清除干净，以免在后续引孔施工过程中混凝土块等固体物落入孔内而引起MJS钻头上排泥口堵塞。

（2）引孔施工：根据地质情况，选取合适的引孔设备。采用正确的设备后，施工中确保钻孔的垂直度是关键，施工中应采取以下措施保证引孔质量。

1）根据钻头形式，配置导正器。

2）钻机就位时要固定、保证钻机水平度，钻机周围场地应平整、坚实。

3）引孔遇障碍物时应降低钻速，加大泵量，反复切削，成孔好后测垂直度，直到达到要求。

4）引孔深度比设计深度深30cm左右，引孔好后灌入稠度高的泥浆（泥浆密度1.3g/cm³左右）。

5）每钻进一个回次的单根钻杆要及时进行扫孔，保证钻孔直径满足要求。

6）按时测定泥浆性能，防止塌孔及扩张。

7）引孔完毕后要用盖板盖住孔口，并且牢固，以防止物品掉入孔内。

8）钻孔过程应分班连续进行，不得中途长时间停止。

（3）设置套管：套管间采用丝扣连接，利用钻机分节下放，连接检查套管情况，套管丝扣上不能有水泥浆等杂物、套管间丝扣应采用生胶带缠绕。套管下放时应缓慢下放，防止套管下落，下放过程中如下放困难不能强行下放，需重新扫孔。套管下至距桩底14m，套管上端应高出自然地面高度约50cm左右，套管下放到位后在套管口采取固定措施。

（4）MJS钻杆下放：主机放置应水平并采取措施将其固定，启动前应检查各管路及卷扬机、操作按钮。钻杆连接紧密，防止漏气，钻杆间螺栓拧紧应先使用启动扳手，然后人工拧紧，连接数据线时，放置接头泥土污染。每连接一根钻杆，应测试数据线是否能够有效传递信号。当钻杆放入困难时连接水龙头进行削孔，确认钻杆放入深度。

（5）喷浆：后台搅拌系统制备水泥浆时，水泥浆应进行三道过滤，防止渗入较大颗粒。喷浆前依次打开倒吸水和倒吸空气，在确认排浆正常时，打开排泥阀门，依次开启主空气阀门和高压水泥浆泵。喷射阶段，第一根钻杆结束之前大约30s时，将水泥浆切换成水，当高压水泥浆泵的压力有大幅下降时，依次关闭高压水泥浆泵，排泥阀门；再依次关闭倒吸水、倒吸空气和主空气；加紧夹子，打开卡盘卸下钻杆和水龙头，拆卸钻杆时不能同时打开夹子和卡盘，防止钻杆掉入孔底。重新装上水龙头后，继续按照以上步骤进行地基加固工作。施工过程中需要注意随时调节地内压力，正常排泥时排泥口阀门不要开启过大，保证在30mm左右即可，地内压力高于设定压力时要将排泥口阀门不断进行开启闭合操作，以防止大泥块堵住排泥口，避免压力过大时地面发生隆起。钻杆卸下之后需要及时清洗并且排放整齐，卸下螺栓放在固定地点，防止丢失。喷射时需及时测定排泥管内排出的泥浆密度，并且取样保存。

（6）MJS 钻杆起拔：钻杆拔出时吊车人员、主机操作人员、主机技术施工人员相互配合，确认喷射完成后并且各设备运转停止后方可拔出 MJS 钻杆。钻杆拆开后，需操作人员双手拖住，卷扬拧紧，缓缓下放，地面要有人接应。钻杆卸下后，在地面要摆放整齐，将钻杆清洗干净，并检查钻杆及密封圈是否损坏。钻杆分离时，夹子必须处于关闭状态。

（7）套管起拔：拔出套管之前需确认套管是否能够拔动。利用吊车拔出套管时，应先检查吊具情况，并且确认卸扣是否拧紧。套管分离后确认下端套管是否紧固，确认紧固后方可拆卸。卸下套管及时清洗干净，并且摆放整齐，摆放位置不影响下一次施工位置。

本基坑工程位于典型的上海软土地区，基坑最大开挖深度为 9.520m，采用钻孔灌注桩加上 MJS 高压旋喷止水的围护结构形式，相比其他施工工艺，既保证了围护结构的承载能力、施工质量，同时更重要的是完全保障了对附近轨道交通 11 号线的正常平稳运营，值得在挖深较大、周围环境较为复杂、环境保护要求高的基坑工工程中广泛应用。

此外，本工程地质条件较为复杂，且环境保护要求较高，止水帷幕深度较大，选用 MJS 高压旋喷止水设计，对控制基坑承压水降水，和重点保护本基坑周边轨道交通 11 号线、沪嘉高速公路，起到了令人欣喜的显著效果。

思　考　题

1. 自适应支撑系统主要由哪几部分组成？
2. 自适应支撑系统相比于传统钢支撑有什么优点？
3. 简述自适应支撑系统的安装与拆除。
4. 基坑变形主要有几种模式，变形原因是什么？
5. 请简述开挖面积与基坑变形的关系。
6. 请简述深大基坑分区开挖方法及其实施效果。
7. 罗列 MJS 工法的施工关键装置并简单介绍。
8. 简述 MJS 工法的工艺特点。

五、大体积混凝土浇筑

（一）概述

1. 发展背景

在建筑工程中，混凝土、钢筋混凝土是建筑结构的主要材料。由于经济建设规模的迅速扩大，建筑业向高、大、深和复杂结构的方向发展。工业建筑中的大型设备基础；大型构筑物的基础；高层、超高层和特殊功能建筑的箱型基础及转换层；有较高承载力的桩基厚大承台等都是体积较大的钢筋混凝土结构，大体积混凝土已大量地应用于工业与民用建筑之中。

目前关于大体积混凝土的定义尚不统一。日本建筑学会标准（JASSS）的定义是："结构断面最小尺寸在80cm以上，同时水化热引起的混凝土内最高温与外界气温之差预计超过25℃的混凝土称之为大体积混凝土。同样北京第六建筑工程公司制定的大体积混凝土工法"中认为"凡结构断面最小尺寸在75cm以上，双面散热在100cm以上、水化热引起的高温与外界气温之差预计超过25℃的混凝土，均可称为大体积混凝土"。美国混凝土协会（ACI）规定的定义是："任何就地浇筑的大体积混凝土，其尺寸之大必须采取措施解决水化热及随之引起的体积变形问题，以最大限度地控制减少开裂，称为大体积混凝土。"国际预应力混凝土协会（FIP）规定："凡是混凝土一次浇筑最小尺寸大于0.6m，特别是水泥用量大于400kg/m³时，应考虑采用水化放热慢的水泥或采取其他降温散热措施。"王铁梦在《工程结构裂缝控制》中的定义是："在工业与民用建筑结构中，一般现浇的混凝土连续墙式结构、地下构筑物及设备基础等是容易由温度收缩应力引起裂缝的结构，通称为大体积混凝土结构。"本定义与美国ACI规定的大体积混凝土定义一致。

"大体积混凝土"最早出现在水利水电工程中。在水利水电工程建设应用中许多科研工作者对"大体积混凝土"已作了大量细致的研究，发展至今从理论到施工方法，施工方案及优化控制等方面已比较成熟，并相应制订了一系列规定，例如：早在1933年——1936年美国建成的大苦果重力坝，混凝土浇筑量达250万m³，并且未出现裂缝。我国的三峡大坝，在各方面都取得了很大的成功。

但是，建筑大体积混凝土由于工程规模的大小、结构形式、混凝土特点、配筋构造及受荷情况都与水利水电类建筑物差异很大。建筑工程大体积混凝土相比于水工大体积混凝土一般块体较薄，体积较小；混凝土设计强度高，单方混凝土水泥用量较大；连续性整体浇筑要求较高；结构构筑物多属于地下、半地下或室内，受外界条件变化影响较小。此外，在混凝土温度及温度应力的计算方法和采取的措施上，两者也有很多差异。建筑工程中，大体积混凝土与一般混凝土也是不同的。大体积混凝土具有结构厚大、浇筑量大，工程条件复杂，且多为现浇超静定结构混凝土，施工技术和质量要求高等特点。因此，除了必须具有足够的强度、刚度、稳定性以外，还应满足结构物的整体性和耐久性要求。

2. 大体积混凝土特点

（1）高层建筑结构中大体积混凝土的特点

高层建筑基础大体积混凝土如箱形基础和筏式底板，有以下特点：

1）均为地下或半地下建筑，有防水要求，钢筋混凝土必须控制裂缝开展，一般不存在承载力不足问题。

2）结构形式常采用现浇钢筋混凝土超静定结构，温差和收缩变化复杂约束作用较大，容易引起开裂。

3）超静定的地下建筑结构，一般都能满足承载力要求，有较大的安全度，控制温度收缩作用是控制裂缝的主要因素。

4）混凝土强度等级高，水泥用量多，水灰比大，收缩变形较大，经常会出现收缩裂缝。

5）这些结构一般均为配筋结构，其构造配筋率约为 $0.2\% \sim 0.5\%$，控制裂缝必须考虑钢筋作用。

6）水化热升温较高，降温散热较快，收缩和降温共同作用是引起混凝土裂缝的主要原因。

7）控制裂缝的方法主要是靠改进构造设计，合理配筋及改进浇筑方案，加强养护等方法提高结构的抗裂性能。

8）凡捣制厚大混凝土层时，必须要注意选择水泥的品种，如矿渣硅酸盐水泥、火山灰硅酸盐水泥、普通硅酸盐水泥。还有特性水泥，如耐酸水泥、耐热水泥、抗硅酸盐水泥、膨胀水泥、复合水泥、早强水泥等，是要根据它们的特性选择使用的。

（2）基础大体积混凝土施工特点

由于具有混凝土体量大、强度等级高的特点，超高层建筑基础筏板施工将遇到施工组织和施工技术双重挑战。

1）施工组织要求高：为确保结构整体性，超高层建筑基础筏板施工必须连续进行，施工组织将面临严重挑战：一方面要保证混凝土一次连续供应量能够满足数万立方米基础筏板施工需要；另一方面还要保证供应强度满足施工面及时覆盖需要，防止施工冷缝产生，这给混凝土生产和运输提出了很高的要求。

2）裂缝控制难度大：超高层建筑基础筏板强度等级高，水泥用量比较多，水泥水化热高，温升幅度大，温差控制困难，同时混凝土生产和使用中用水量比较大，混凝土硬化过程中收缩控制困难。温差和收缩控制不当都会导致基础筏板产生有害裂缝，裂缝控制难度大。

3. 应用现状与前景

基础筏板是基础工程的重要组成部分，将桩基础整合为一体，形成共同受力的整体。基础筏板是超高层建筑荷载传递中非常重要的环节，发挥承上启下的作用，因此往往成为设计和施工关注的重点。随着建筑高度的不断突破，超高层建筑基础筏板承受的荷载显著增加，垂直荷载达数十万吨，风荷载产生的弯矩达数百万吨·米，基础筏板的强度和刚度要求越来越高，因此超高层建筑基础筏板呈现出混凝土体量不断增大、强度等级逐步提高的发展趋势。高度超过 400m 的超高层建筑，基础筏板厚度往往超过 4.0m，混凝土体量在 10000m³ 以上，有的接近 40000m³，更有的达到 60000m³，混凝土强度等级多超过 C40，有的达到 C60，如表 5-1 所示。

部分超高层建筑基础筏板简况 表 5-1

名　　称	工 程 概 况	塔楼底板大体积混凝土体量(m³)	强度等级	基础厚度(m)
上海中心	地下 5 层,地上层,632m 高	60000	C50	6.0
中央电视台新台址主楼	地下 3 层,地上 52 层,234m 高 和 44 层、194m 高	39000+33000	C40	4.5
上海金茂大厦	地下 3 层,地上 88 层,420.5m 高	13500	C50	4.0
上海环球金融中心	地下 3 层,地上 101 层,492m 高	38900	C40	4.5
台北 101 大厦	地下 5 层,地上 101 层,508m 高	28100	6000psi	3.0~4.7
香港国际金融中心二期	地下 5 层,地上 88 层,415m 高	20000	C60	6.5
香港环球贸易广场	地下 4 层,地上 118 层,484m 高	36000	C45	8.0
迪拜哈利法塔	地下 4 层,地上 168 层,828m 高	12500	C50	3.7
吉隆坡石油大厦	地下 5 层,地上 88 层,452m 高	13200	C60	4.6

（二）施工工艺与技术

在进行超高层建筑基础筏板施工组织设计时，首先必须确立施工工艺，然后制定针对性的施工组织措施和施工技术措施。

1. 施工工艺

按照混凝土施工的连续性分，超高层建筑基础筏板施工工艺有一次成型工艺和多次成型工艺。

（1）一次成型工艺

一次成型工艺是将整个基础筏板混凝土一次连续浇捣成型，属于大体积混凝土施工传统工艺。一次成型工艺具有以下优点：一是结构整体性强。基础筏板内部不存在施工缝、后浇带等薄弱部位，整个结构一次连续施工完成，结构整体性容易保证；二是施工工期短。整个混凝土一次连续浇捣完成，节约了多次成型所需的重复准备和混凝土养护时间，有利于缩短施工工期；三是施工成本低。一次成型工艺节省了施工缝、后浇带处理所需的施工措施，施工措施费得到控制。正因为一次成型工艺具有显著优点，因此往往成为设计和施工工程技术人员优先考虑的工艺，中央电视台新台址主楼、金茂大厦等超高层建筑基础筏板就采用了一次成型工艺施工。当然一次成型工艺也存在一定缺陷：施工组织和施工技术要求高，数万立方米混凝土在交通繁忙的城市高强度连续供应绝非易事，同时控制超长、超厚混凝土结构裂缝更需要较高的技术水平。

（2）多次成型工艺

多次成型工艺是将整个基础筏板混凝土分多次间隔浇捣成型。多次成型工艺具有以下优点：一是施工组织比较简单，混凝土供应难度大大降低；二是施工技术要求低，结构几何尺寸减小，混凝土结构裂缝控制难度小。当然一次成型工艺也存在明显缺陷：一是结构整体性削弱，基础筏板内部存在施工缝、后浇带等薄弱部位，整个结构多次间隔施工完成，结构整体性不易保证；二是施工工期长。整个混凝土多次间隔浇捣完成，重复准备和混凝土养护时间长，施工工期不易控制；三是施工成本高。多次成型工艺采取的施工缝、后浇带等施工措施，增加了施工成本。多次成型工艺是为适应超高层建筑基础筏板施工面临的施工组织和技术挑战而发展起来的，尽管能够满足特定工程建设需要，但是因为存在结构整体性、施工工期和施工成本控制难度大等缺陷，因此应用范围受到很大限制。

（3）施工工艺选择

在一般情况下，一次成型工艺在经济性方面多优于多次成型工艺，因此超高层建筑基础筏板施工工艺选择主要从技术可行性方面进行论证。在技术可行的前提下优先采用一次成型工艺。技术可行性论证应从施工组织和裂缝控制两方面进行。当混凝土生产能力有保证，交通运输条件比较好，且具备控制混凝土裂缝技术水平时，应当选择一次成型工艺。当混凝土生产能力较小，交通管制非常严格，尽管具备控制混凝土裂缝的技术水平，也应当选择多次成型工艺。发达国家和地区，如美国、日本和我国香港由于交通运输条件比较紧张，对施工材料运输实行严格管制，允许施工时间比较短，因此经常采用多次成型工艺施工超高层建筑基础筏板混凝土。香港环球贸易广场基础底板混凝土强度等级为C45，厚达8.0m，总方量为36000m³。受施工时间限制，基础底板竖向分五层，共18次浇捣。台北101大厦塔楼基础筏板平均厚度为3.5m，最厚达4.7m，混凝土总量达28100m³，共分9次浇捣。

2. 施工技术

（1）混凝土泵送

混凝土泵送设备主要有固定泵和汽车泵。固定泵具有输送距离长，泵送成本低等优点，但是灵活性差，泵送过程中工人劳动强度比较大。汽车泵灵活性好，泵送过程中工人劳动强度低，但是输送距离比较短，泵送成本比较高。超高层建筑基础筏板混凝土体量巨大，泵送距离长，因此泵送以固定泵为主，汽车泵为辅。泵送设备配置要满足泵送时间和泵送强度要求，通过计算并参考同类工程经验确定。同时为应对突发设备故障，泵送设备配置应留有足够余地，一般应有10%～20%左右的设备备用。混凝土泵送需在综合考虑现场条件和交通组织的基础上，按照施工面泵送强度最大化原则，确定设备布置及泵送方向。混凝土泵送方向应与基础筏板的长边方向一致，这样混凝土施工面小，容易保证混凝土供应强度及施工面及时覆盖，防止施工冷缝出现。

图 5-1　混凝土浇筑现场

（2）混凝土浇捣

根据浇捣流水段划分及浇捣流程，超高层建筑基础筏板浇捣可分为全面分层、逐段分层和斜面分层三种工艺。施工中应根据工程规模、混凝土供应能力和泵送设备灵活选择。

1）全面分层

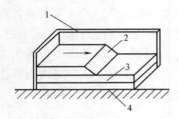

图 5-2　全面分层浇捣示意
1—模板；2—新浇混凝土；
3—已浇混凝土；4—地基

将基础筏板水平划分为数层，自下而上逐层浇捣，即在第一层全部浇捣完毕后，且第一层混凝土初凝前，再回头浇捣第二层，如此逐层连续浇捣，直至施工完毕。施工时从短边开始，沿长边推进。当基础筏板长边过长时可将基础筏板分成两段，从中间向两端或从两端向中间分两个流水方向同时进行浇捣。全面分层浇捣工艺要求的混凝土浇筑强度较大。当基础筏板体量比较大时，混凝土组织供应的压力非常大，应对不当时极易产生施工冷缝。因此全面分层浇捣工艺适用于结构平面尺寸比较小的基础筏板。

2）逐段分层

将基础筏板先沿长边方向分段，再水平分层，混凝土浇捣逐段分层进行，即先从底层开始，浇捣至一定距离后浇捣第二层，如此依次向上浇捣其他各层，直至浇捣到顶，且在第一层末端的混凝土初凝前，开始浇捣下一段各层混凝土，直至施工完毕。施工时从短边开始，沿长边推进。逐段分层浇捣工艺适用于混凝土供应能力比较弱，结构物厚度不太大而面积或长度较大的基础筏板。

3）斜面分层

将基础筏板斜向分层，逐层向前浇捣。在每一层浇捣中，混凝土从浇筑层下端开始，逐渐上移。斜面分层工艺是逐段分层工艺的发展，当分段长度较小时，逐段分层工艺就演化为斜面分层工艺。斜面分层浇捣工艺具有显著优点：①施工面小，混凝土供应强度要求低；②施工面相对稳定，泵送设施不需反复装拆和变位，可采用固定泵泵送，成本低。因此斜面分层浇捣工艺在超高层建筑基础筏板混凝土施工中得到广泛应用。采用斜面分层浇捣工艺施工时，斜面的坡度不应大于新浇混凝土自然流淌的坡度，对一般混凝土控制其不大于 1/3，对泵送混凝土控制在 1/6～1/10，因此，斜面分层浇捣工艺适用于长度大大超过厚度 3 倍的基础筏板。

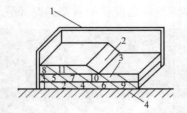

图 5-3　逐段分层浇捣示意
1—模板；2—新浇混凝土；3—已浇混凝土；4—地基

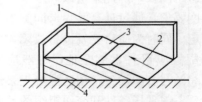

图 5-4　斜面分层浇捣示意
1—模板；2—新浇混凝土；3—已浇混凝土；4—地基

（3）混凝土养护

混凝土养护是超高层建筑基础筏板施工的重要环节。混凝土的凝结与硬化是水泥水化反应的结果。为使已浇筑的混凝土能获得所要求的物理力学性能，在混凝土浇筑后的初期，必须加强混凝土养护，营造良好的水化反应条件。由于温度和湿度是影响水泥水化反应速度和水化程度的两个主要因素，因此，混凝土的养护就是控制混凝土凝结硬化过程中的温度和湿度。同时混凝土养护也是控制混凝土早期收缩，防止混凝土成型后经历暴晒、风吹等恶劣条件而产生开裂的需要。

根据混凝土在养护过程中所处温度和湿度条件的不同，混凝土的养护一般可分为标准养护、自然养护和加热养护。超高层建筑基础筏板混凝土一般采用自然养护。其中覆盖养护是最常用的保温保湿养护方法，即在混凝土初凝以后开始覆盖保温保湿材料（塑料薄膜、草袋等片状物）。覆盖养护技术简单、施工方便，因此得到广泛应用。蓄水养护也是比较有效的保温保湿养护方法，混凝土在终凝前在基础筏板表面满灌温度适中的养护水。蓄水养护能很好地保证混凝土在恒温、恒湿的条件下得到养护，能大大减少因温湿变化及失水所引起的塑性收缩裂缝，但是施工影响比较大，因此应用比较少，只有在高温、干燥气候条件下施工的超高层建筑工程采用，如阿联酋迪拜哈利法塔基础筏板施工即采用了蓄水养护。

保温养护材料厚度应通过计算并结合工程经验确定，满足混凝土内外温差及降温速率控制的需要。保温保湿养护时间长短主要决定于水泥的品种和用量。在正常水泥用量情况下，采用硅酸盐水泥、普通硅酸盐水泥和矿渣硅酸盐水泥拌制的混凝土，不得少于 7 个昼夜；掺用缓凝型外加剂或有抗渗性要求的混凝土，不得少于 14 个昼夜。

3. 测温方法

大体积混凝土浇筑完毕，只是大体积混凝土施工的初步成功，如何防止浇筑后的混凝土在养护期间产生裂缝，尤其是深层裂缝，是大体积混凝土施工一个极为关键的问题。对浇筑后的混凝土进行测温监控，随时掌握混凝土的温度变化动态，并以此来指导混凝土的养护工作，使养护工作更加科学有效，即实行"信息化"施工。这是大体积混凝土施工所必不可少的手段。

图 5-5　现场预埋测温点

（1）测温目的

在施工以前进行必要的混凝土热工计算，对混凝土的内部最高温度、表面温度、温度收缩应力等进行计算，实际是否与其符合，且混凝土实际温度变化情况究竟如何、养护的效果如何等，只有经过现场测温，才能掌握。通过测温，将混凝土深度方向的温度梯度控制在规范允许范围以内，同时，通过测温，由于对混凝土内部温度，各关键部位温差等精确掌握，还可以根据实际情况，尽可能地缩短养护周期，使后续工序尽早开始，加快施工进度，并节约成本。

（2）布点方案

根据工程平面形状，底板厚度尺寸布点，在中心点、角点等代表性部位布点，在保证能全面反映混凝土内部各点温度的情况下，做到尽量减少布点数量。每布点柱顶部点距混凝土表面下 10cm，底部点距底面上 10cm。五点柱之其余点匀距分布，三点柱亦按匀距分布。

（3）使用设备

采用建筑施工用智能温度巡回控测系统，高精度热电阻温度传感器，精度 0.2%。系统每 6 分钟采样一次，屏幕显示全部点温度；每一小时打印温度参数表，测试过程结束打印全过程主要柱温度梯度曲线。

（4）布点及监测

1）布点在混凝土浇筑前夕进行。当拟施工段钢筋绑扎完成，进行钢筋验收时，可开始进行布点施工。按施工方案确定的布点平面位置进行布点，用一 φ14 钢筋，其长度为浇筑层厚度＋20cm，将温度传感器采用胶布固定于钢筋上的各不同位置处，然后小心将每根钢筋与底板钢筋网绑扎牢，布点结束后，检查各传感器是否完好，如有损坏，应更换。

2）混凝土浇筑开始，即开始进行监测，专人值班。在浇筑完成后每天 24 小时值班，随时掌握混凝土温度动态，当温度梯度接近规范要求时，及时报警，以便立即采用措施，降低温度梯度。

3）监测时间应根据混凝土温度降低情况，保证混凝土不会发生温度裂缝时才能结束。

（5）注意事项

1）混凝土浇筑时，应提醒操作人员，避开温度传感器位置，在混凝土振捣时，应距离传感器 50cm 以上，防止损坏传感器，对导线也要加以保护，防止拉断。

2）注意天气变化，尤其注意寒潮、阵雨时监测。

（三）裂缝控制

确保结构完整性是超高层建筑基础筏板施工的基本要求。施工冷缝、温差裂缝及收缩裂缝是影响大体积混凝土结构完整性的主要因素，为此必须加强施工组织，制定科学的施工方案。施工冷缝控制技术比较简单，主要通过制定严密的施工组织方案，保证混凝土供应强度，确保施工面及时覆盖。温差裂缝和收缩裂缝产生原因多种多样，其控制技术比较复杂，一直是超高层建筑基础筏板大体积混凝土施工技术研究的重点。

1. 裂缝形成机理

大体积混凝土的裂缝多由变形变化引起的，即结构要求变形，当变形受到约束得不到满足时，引起应力，当该应力超过混凝土抗拉强度时就引起裂缝。为此，裂缝的产生既与变形大小有关，又与约束的强弱有关。结构产生变形变化时，不同结构之间和结构内部各质点之间都会产生约束，前者称为"外约束"，后者成为"内约束"。

外约束分为自由体、全约束和弹性约束。

（1）自由体

自由体即变形不受其他结构任何约束的结构。结构的变形等于结构自由变形，无约束应力。即变形最大，应力为零。

（2）全约束

全约束即结构的变形全部受到其他结构的约束，使变形结构无任何变形的可能。即应力最大，变形为零。

（3）弹性约束

弹性约束即介于上述两种约束状态之间的一种约束，结构的变形受到部分约束，产生部分变形。变形结构和约束结构皆弹性体，二者之间的相互约束称"弹性约束"，即既有变形，又有应力。这是最常遇到的一种约束状态。

内约束是当结构截面较厚时，其内部温度和湿度分布不均匀，引起各质点变形的相互约束。

建筑工程中的大体积混凝土，相对说来体积不算很大，它承受的温差和收缩主要是均匀温差和均匀收缩，故外约束应力占主要地位，因此我们要重点研究由结构变形和外约束引起的应力。

大体积混凝土由于截面大、水泥用量大，水泥水化释放的水化热会产生较大的温度变化，由此形成的温度应力是导致产生裂缝的主要原因。这种裂缝分为两种：

1）混凝土浇筑初期，水泥水化产生大量水化热，使混凝土的温度很快上升。但由于混凝土表面散热条件较好，热量可向大气中散发，因而温度上升较少；而混凝土内部由于散热条件较差，热量散发少，因而温度上升较多，内外形成温度梯度，形成内约束。结果混凝土内部产生压应力，面层产生拉应力，当该拉应力超过混凝土的抗拉强度时，混凝土表面就产生裂缝。

2）混凝土浇筑后数日，水泥水化热基本上已释放，混凝土从最高温逐渐降温，降温的结果引起混凝土收缩，再加上由于混凝土中多余水分蒸发、碳化等引起的体积收缩变形，受到地基和结构边界条件的约束（外约束），不能自由变形，导致产生温度应力（拉应力），当该温度应力超过混凝土抗拉强度时，则从约束面开始向上开裂形成温度裂缝。如果该温度应力足够大，严重时可能产生贯穿裂缝，破坏了结构的整体性、耐久性和防水性，影响正常使用。为此，应尽一切可能坚决杜绝贯穿裂缝。

大体积混凝土内出现的裂缝，按其深度一般可分为表面裂缝、深层裂缝和贯穿裂缝三种。贯穿性裂缝切断了结构断面，破坏结构整体性、稳定性和耐久性等，危害严重。深层裂缝部分切断了结构断面，也有一定危害性。表面裂缝虽然不属于结构性裂缝，但在混凝土收缩时，由于表面裂缝处断面削弱且易产生应力集中，能促使裂缝进一步开展。国内外有关规范对裂缝宽度都有相应的规定，一般都是根据结构工作条件和钢筋种类而定。我国的混凝土结构设计规范，对钢筋混凝土结构的最大允许裂缝宽度亦有明确规定：室内正常环境下的一般构件为 0.3mm；露天或室内高湿度环境为 0.2mm。

一般来说，由于温度收缩应力引起的初始裂缝，不影响结构的瞬时承载能力，而对耐久性和防水性产生影响。对不影响结构承载能力的裂缝，为防止钢筋锈蚀、混凝土碳化、酥松剥落等，应对裂缝加以封闭或补强处理。

对于基础、地下或半地下结构，裂缝主要影响其防水性能。当裂缝宽度只有 0.1～0.2mm 时，虽然早期有轻微渗水，经过一段时间后一般裂缝可以自愈。裂缝宽度如超过 0.2～0.3mm，其渗水量与裂缝宽度的三次方成正比，渗水量随着裂缝宽度的增大而增加甚快，为此，对于这种裂缝必须进行化学灌浆处理。

大体积混凝土施工阶段产生的温度裂缝，是其内部矛盾发展的结果。一方面是混凝土由于内外温差产生应力和应变，另一方面是结构的外约束和混凝土各质点间的约束（内约束）阻止这种应变。一旦温度应力超过混凝土能承受的抗拉强度，就会产生裂缝。总结过去大体积混凝土裂缝产生的情况，可知道产生裂缝的原因如下：

① 水泥水化热

水泥在水化过程中要产生一定的热量，是大体积混凝土内部热量的主要来源。由于大体积混凝土截面厚度大，水化热聚集在结构内部不易散失，所以会引起急剧升温。水泥水化热起的绝热温升，与混凝土单位体积内的水泥用量和水泥品种有关，并随混凝土的龄期按指数关系增长，一般在 10d 左右达到最终绝热温升，但由于结构自然散热，实际上混凝土内部的最高温度，大多发生在混凝土浇筑后的 3～5d。

混凝土的导热性能较差，浇筑初期，混凝土的弹性模量和强度都很低，对水化热急剧温升引起的变形约束不大，温度应力也就较小。随着混凝土龄期的增长，弹性模量和强度相应提高，对混凝土降温收缩变形的约束愈来愈强，即产生很大的温度应力，当混凝土的抗拉强度不足以抵抗该温度应力时，便开始产生温度裂缝。

② 约束条件

结构在变形变化时，会受到一定的抑制而阻碍其自由变形，该抑制即称"约束"。

如前所述，约束分为外约束与内约束。大体积混凝土由于温度变化产生变形，这种变形受到约束才产生应力。在全约束条件下，混凝土结构的变形，应是温差和混凝土线膨胀系数的乘积，即 $\varepsilon = \Delta T \cdot \alpha$，当 ε 超过混凝土的极限拉伸值 ε_p 时，结构便出现裂缝。由于结构不可能受到全约束，且混凝土还有徐变变形，所以温差在 25℃ 甚至 30℃ 情况下混凝土亦可能不开裂。

无约束就不会产生应力，因此，改善约束对于防止混凝土开裂有重要意义。

③ 外界气温变化

大体积混凝土施工期间，外界气温的变化对大体积混凝土开裂有重大影响。混凝土的内部温度是浇筑温度、水化热的绝热温升和结构散热降温等各种温度的叠加之和。外界气温愈高，混凝土的浇筑温度也愈高；如外界温度下降，会增加混凝土的降温幅度，特别在外界温度骤降时，会增加外层混凝土与内部混凝土的温度梯度，这对大体积混凝土极为不利。

温度应力是由温差引起的变形造成的。温差愈大，温度应力也愈大。

大体积混凝土不易散热，其内部温度有时高达 80℃ 以上，而且延续时间较长，为此研究合理温度控制措施，对防止大体积混凝土内外温差悬殊引起过大的温度应力，显得十分重要。

④ 混凝土的收缩变形

混凝土的拌合水中，只有约 20% 的水分是水泥水化所必需的，其余的 80% 都要被蒸发。

混凝土在水泥水化过程中要产生体积变形，多数是收缩变形，少数为膨胀变形，这主要取决于所采用的胶凝材料的性质。混凝土中多余水分的蒸发是引起混凝土体积收缩的主要原因之一。这种干燥收缩变形不受约束条件的影响，若存在约束，即产生收缩应力。

混凝土的干燥收缩机理较复杂，其主要原因是混凝土内部孔隙水蒸发变化时引起的毛细管引力所致。这种干燥收缩在很大程度上是可逆的。混凝土产生干燥收缩后，如再处于水饱和状态，混凝土还可以膨胀恢复达到原有的体积。

除上述干燥收缩外，混凝土还产生碳化收缩，即空气中的 CO_2 与混凝土水泥石中的

$Ca(OH)_2$ 反应生成碳酸钙，放出结合水而使混凝土收缩。

超高层建筑基础筏板混凝土水化过程中，水化热引起的温升及温差和水分蒸发引起的收缩等是导致混凝土产生裂缝的主要原因。

温差裂缝与收缩裂缝既有区别，又有联系。温差裂缝出现时间晚，持续时间短，但是发展速度快。收缩裂缝出现时间早，持续时间长，属于缓慢发展型。因此尽管收缩裂缝比较细小，多为表面裂缝，但是它为温差裂缝的发展提供了条件。就具体裂缝而言，其产生和发展既有温差的作用，又有收缩的作用，早期以收缩作用为主，中期以温差作用为主，后期又以收缩作用为主，因此裂缝控制需要走"综合治理"之路。

2. 裂缝控制技术

根据我国大体积混凝土结构施工经验，为防止产生温度裂缝，应着重在控制混凝土温升、延缓混凝土降温速率、减少混凝土收缩、提高混凝土极限拉伸值、改善约束和完善构造设计等方面采取措施。另外，在大体积混凝土结构施工过程中的温度监测亦十分重要，它可使有关人员及时了解混凝土结构内部温度变化情况，必要时可临时采取事先考虑的有效措施，以防止混凝土结构产生温度裂缝。

(1) 控制混凝土温升

大体积混凝土结构在降温阶段，由于降温和水分蒸发等原因产生收缩，再加上存在外约束不能自由变形而产生温度应力的。因此，控制水泥水化热引起的温升，即减小了降温温差，是降低温度应力、防止产生温度裂缝关键措施之一。

为控制大体积混凝土结构因水泥水化热而产生的温升，可以采取下列措施：

1) 选用中低热的水泥品种

混凝土升温的热源是水泥水化热，选用中低热的水泥品种，可减少水化热，使混凝土减少升温。为此，施工大体积混凝土结构多用强度等级 32.5、42.5 矿渣硅酸盐水泥。如强度等级为 32.5 矿渣硅酸盐水泥其 3d 的水化热为 180kJ/kg，而强度等级为 32.5 普通硅酸盐水泥则为 250kJ/kg，水化热量减少 28%。

2) 利用混凝土的后期强度

试验数据证明，每立方米的混凝土水泥用量，每增减 10kg，水泥水化热将使混凝土的温度相应升降 $1℃$。因此，为控制混凝土温升，降低温度应力，减少产生温度裂缝的可能性，可根据结构实际承受荷载情况，对结构的刚度和强度进行复算并取得设计和质量检查部门的认可后，可采用 f45、f60 或 f90 替代 f28 作为混凝土设计强度，这样可使每立方米混凝土的水泥用量减少 40~70kg 左右，混凝土的水化热温升相应减少 $4℃~7℃$。

由于高层建筑与大型工业设施等施工工期很长，其基础等大体积混凝土结构承受的设计荷载，要在较长时间之后才施加其上，所以只要能保证混凝土的强度在 28d 之后继续增长，且在预计的时间（45、60d 或 90d）能达到或超过设计强度即可。

3) 掺加减水剂木质素磺酸钙

木质素磺酸钙属阴离子表面活性剂，对水泥颗粒有明显的分散效应，并能使水的表面张力降低而引起加气作用。因此，在混凝土中掺入水泥重量 0.25% 的木钙减水剂（即木质素磺酸钙），它不仅能使混凝土和易性有明显的改善，同时又减少了 10% 左右的拌合水，节约 10% 左右的水泥，从而降低了水化热。混凝土中掺入木钙减水剂后，7d 的水化热略有增大，但可减少水泥用量 10％左右，因此水化热还是降低的。同时可明显延迟水化热释放的速度，放热峰也较不掺者推迟，这样不但可减小温度应力，且可使初凝和终凝的时间相应延缓 5～8h，可大大减少了在大体积混凝土施工过程中出现温度裂缝的可能性。

4）掺加粉煤灰外掺料

试验资料表明，在混凝土内掺入一定数量的粉煤灰，由于粉煤灰具有一定活性，不但可代替部分水泥，而且粉煤灰颗粒呈球形，具有"滚珠效应"而起润滑作用，能改善混凝土的黏塑性，并可增加泵送混凝土（大体积混凝土多用泵送施工）要求的 0.315mm 以下细粒的含量，改善混凝土可泵性，降低混凝土的水化热。

另外根据大体积混凝土的强度特性，初期处于高温条件下，强度增长较快、较高，但后期强度就增长缓慢，这是由于高温条件下水化作用迅速，随着混凝土的龄期增长，水化作用慢慢停止的缘故。掺加粉煤灰后可改善混凝土的后期强度，但其早期抗拉强度及早期极限拉伸值均有少量降低。因此对早期抗裂要求较高的工程，粉煤灰掺入量应少一些，否则表面易出现细微裂缝。

5）粗细骨料选择

为了达到预定的要求，同时又要发挥水泥最有效的作用，粗骨料有一个最佳的最大粒径。对于土建工程的大体积钢筋混凝土，粗骨料的规格往往与结构物的配筋间距、模板形状以及混凝土浇筑工艺等因素有关。

宜优先采用以自然连续级配的粗骨料配制混凝土。因为用连续级配粗骨料配制的混凝土具有较好的和易性、较少的用水量和水泥用量以及较高的抗压强度。在石子规格上可根据施工条件，尽量选用粒径较大、级配良好的石子。因为增大骨料粒径，可减少用水量，而使混凝土的收缩和泌水随之减少。同时亦可减少水泥用量，从而使水泥的水化热减小，最终降低了混凝土的温升。当然骨料粒径增大后，容易引起混凝土的离析，因此必须优化级配设计，施工时加强搅拌、浇筑和振捣等工作。根据有关试验结果表明，采用 5～40mm 石子比采用 5～25mm 石子每立方米混凝土可减少用水量 15kg 左右，在相同水灰比的情况下，水泥用量可减少 20kg 左右。

粗骨料颗粒的形状对混凝土的和易性和用水量也有较大的影响。因此，粗骨料中的针、片状颗粒按重量计应不大于 15％。

细骨料以采用中、粗砂为宜。根据有关试验资料表明，当采用细度模数为 2.79、平均粒径为 0.38 的中、粗砂，它比采用细度模数为 2.12、平均粒径为 0.336 的细砂，每立方米混凝土可减少用水量 20～25kg，水泥用量可相应减少 28～35kg。这样就降低了混凝土的温升和减小了混凝土的收缩。

泵送混凝土的输送管道除直管外，还有锥形管、弯管和软管等。当混凝土通过锥形管和弯管时，混凝土颗粒间的相对位置就会发生变化，此时如混凝土的砂浆量不足，便会产生堵管现象。所以在级配设计时适当提高一些砂率是完全必要的，但是砂率过大，将对混凝土的强度产生不利影响。因此在满足可泵性的前提下，应尽可能使砂率降低。

另外，砂、石的含泥量必须严格控制。根据国内经验，砂、石的含泥量超过规定，不仅会增加混凝土的收缩，同时也会引起混凝土抗拉强度的降低，对于混凝土的抗裂是十分不利的。因此在大体积混凝土施工中，建议将石子的含泥量控制在小于 1％，砂的含泥量控制在小于 2%。

6）控制混凝土的出机温度和浇筑温度

为了降低大体积混凝土总温升和减少结构的内外温差，控制出机温度和浇筑温度同样很重要。

混凝土的原材料中石子的比热较小，但其在每立方米混凝土中所占的重量较大；水的比热最大，但它的重量在每立方米混凝土中只占一小部分。因此对混凝土出机温度影响最大的是石子及水的温度，砂的温度次之，水泥的温度影响很小。为了进一步降低混凝土的出机温度，其最有效的办法就是降低石子的温度。在气温较高时，为防止太阳的直接照射，可在砂、石堆场搭设简易遮阳装置，必要时须向骨料喷射水雾或使用前用冷水冲洗骨料。

混凝土从搅拌机出料后，经搅拌运输车运输、卸料、泵送、浇筑、振捣、平仓等工序后的混凝土温度称为浇筑温度。

关于浇筑温度的控制，我国有些规范提出不得超过 25℃，否则必须采取特殊的技术措施的规定。美国 ACI 施工手册中规定不得超过 32℃；日本土木学会施工规程中规定不得超过 30℃；日本建筑学会钢筋混凝土施工规程中规定不得超过 35℃。在土建工程的大体积钢筋混凝土施工中，浇筑温度对结构物的内外温差影响不大，因此对主要受早期温度应力影响的结构物，没有必要对浇筑温度控制过严。如宝山钢铁总厂施工的 7 个大体积钢筋混凝土基础，其中有 4 个基础混凝土的浇筑温度为 32℃～35℃，均未采取特殊的技术措施，并未出现影响混凝土质量的问题。但是考虑到温度过高会引起较大的干缩以及给混凝土的浇筑带来不利影响，适当限制浇筑温度是合理的。建议最高浇筑温度控制在 4℃ 以下为宜，这就要求我们在常规施工情况下合理选择浇筑时间，完善浇筑工艺以及加强养护工作。

7）内部散热

大体积混凝土之所以产生内外温差，关键在于内部和外部散热条件存在差异，内部混凝土水化热需要通过外部混凝土向周围散发，散热路径长，效果差，因此内部温度上升快，下降慢，外部温度上升慢，下降快，导致混凝土内外温度差异显著。如果能够采取措施改善混凝土内部散热条件，降低混凝土内部温度上升速度，加快混凝土内部温度下降，就可以有效控制大体积混凝土内外温差。内置循环水冷却法就是这一技术路线的成功实践。该方法自 20 世纪 30 年代在美国胡佛重力拱坝施工中首创以来，在大体积混凝土施工中已得到广泛的应用，成为混凝土内外温差控制的重要措施之一。上海金茂大厦施工时就采用内置循环水冷却法控制 4.0m 厚的 C50 基础筏板大体积混凝土内外温差，效果非常显著。

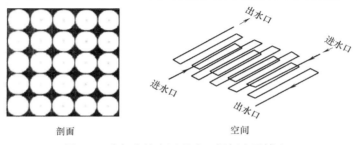

剖面　　　　　　　　　　　　　空间

图 5-6　冷却水管布置形式（据伍小平博士）

内置循环水冷却系统在降低混凝土内部温度方面效果良好，但是投入也比较大，因此方案设计必须兼顾效果与经济两个方面，合理选择布置形式、管径、管距、单根水管长

图 5-7　施工现场冷却水管布置

度、管内水流量及冷却水温度等。内置循环水冷却系统水管一般在剖面上呈"井"字形，空间上呈蛇形布置，如图 5-6 所示。理论研究和工程实践经验表明：①冷却水管采用 $\phi 25.4mm$ 的管径，$1.5 \sim 2.0m$ 的管距比较合理；②冷却水管单根长度控制在 $80m \sim 200m$ 为宜；③循环水流量根据实测结果进行调节，一般为临界流量的 $3 \sim 4$ 倍，即可保证冷却效果，并控制材料消耗。

（2）延缓混凝土降温速率

大体积混凝土浇筑后，为了减少升温阶段内外温差，防止产生表面裂缝；给予适当的潮湿养护条件，防止混凝土表面脱水产生干缩裂缝；使水泥顺利进行水化，提高混凝土的极限拉伸值；以及使混凝土的水化热降温速率延缓，减小结构计算温差，防止产生过大的温度应力和产生温度裂缝，对混凝土进行潮湿条件下养护十分重要。

大体积混凝土结构进行蓄水养护是一种较好的方法，我国一些工程曾采用。混凝土终凝后，在其表面蓄存一定深度的水。由于水的导热系数为 $0.58W/m \cdot K$，有一定的隔热保温效果，这样可延缓混凝土内部水化热的降温速率，缩小混凝土中心与表面的温差值，从而可控制混凝土的裂缝开展。

此外，在大体积混凝土结构拆模后，宜尽快回填土，用土体保温避免气温骤变时产生有害影响，亦可延缓降温速度，避免产生裂缝。国内有的大体积混凝土结构工程就因为拆模后未回填土而长期暴露在外，结果引起裂缝。

（3）减少混凝土收缩、提高混凝土的极限拉伸值

通过改善混凝土的配合比和施工工艺，可以在一定程度上减少混凝土的收缩和提高其极限拉伸值，这对防止产生温度裂缝亦起一定的作用。

混凝土的收缩值和极限拉伸值，除与上述的水泥用量、骨料品种和级配、水灰比、骨料含泥量等有关外，还与施工工艺和施工质量密切有关。

对浇筑后的混凝土进行二次振捣，能排除混凝土因泌水在粗骨料、水平钢筋下部生成的水分和空隙，提高混凝土与钢筋的握裹力，防止因混凝土沉落而出现的裂缝，减小内部微裂，增加混凝土密实度，使混凝土的抗压强度提高 $10\% \sim 20\%$ 左右，从而提高抗裂性。

混凝土二次振捣的恰当时间是指混凝土经振捣后尚能恢复到塑性状态的时间，一般称为振动界线，掌握二次振捣恰当时间的方法一般有以下两种：

1）将运转着的振动棒以其自身的重力逐渐插入混凝土中进行振捣，混凝土仍可恢复塑性的程度是使振动棒小心拔出时混凝土仍能自行闭合，而不会在混凝土中留下孔穴，则可认为当时施加二次振捣是适宜的。

2）为了准确地判定二次振捣的适宜时间，国外一般采用测定贯入阻力值的方法进行。即当标准贯入阻力值达到 $350N/cm^2$ 时，以前进行二次振捣是有效的，不会损伤已成型的混凝土。根据有关试验结果，当标准贯入阻力值为 $350N/cm^2$ 时，对应的立方体试块强度

约为 $25N/cm^2$，对应的压痕仪强度值约为 $27N/cm^2$。

由于采用二次振捣的最佳时间与水泥品种、水灰比、坍落度、气温和振捣条件等有关。在实际工程使用前做些试验是必要的。同时在最后确定二次振捣时间时，既要考虑技术上的合理，又要满足分层浇筑、循环周期的安排，在操作时间上要留有余地，避免由于这些失误而造成"冷接头"等质量问题。

此外，改进混凝土的搅拌工艺也很有意义。传统混凝土搅拌工艺在混凝土搅拌过程中水分直接润湿石子表面，在混凝土成型和静置的过程中，自由水进一步向石子与水泥砂浆界面集中，形成石子表面的水膜层。在混凝土硬化后，由于水膜的存在而使界面过渡层疏松多孔，削弱了石子与硬化水泥砂浆之间的粘结，形成混凝土中最薄弱的环节，从而对混凝土抗压强度和其他物理力学性能产生不良影响。

为了进一步提高混凝土质量，可采用二次投料的砂浆裹石或净浆裹石搅拌新工艺。这样可有效地防止水分向石子与水泥砂浆界面的集中，使硬化后的界面过渡层的结构致密，粘结加强，从而可使混凝土强度提高 10% 左右，也提高了混凝土的抗拉强度和极限拉伸值。混凝土强度基本相同时，可减少 7% 左右水泥用量。

（4）改善边界约束和构造设计

在这方面可采取下述措施：

1）设置滑动层

由于边界存在约束才会产生温度应力，如在与外约束的接触面上全部设滑动层，则可大大减弱外约束。如在外约束的两端各 1/4～1/5 的范围内设置滑动层，则结构的计算长度可折减约一半。为此，遇有约束强的岩石类地基、较厚的混凝土垫层等时，设滑动层，对减小温度应力将起显著作用。

滑动层的做法有：涂刷两道热沥青加铺油毡一层；铺设 10～20mm 厚沥青砂；铺设 50mm 厚砂或石屑层等。

2）避免应力集中

在孔洞周围、变断面转角部位、转角处等由于温度变化和混凝土收缩，会导致应力集中而导致裂缝。为此，可在孔洞四周增配斜向钢筋、钢筋网片；在变断面处避免断面突变，可作局部处理使断面逐渐过渡，同时增配抗裂钢筋，这对防止裂缝是有益的。

3）设置缓冲层

在高、低底板交接处、底板地梁处等，用 30～50mm 厚聚苯乙烯泡沫塑料作垂直隔离，以缓冲基础收缩时的侧向压力。

4）合理配筋

在设计构造方面还应重视合理配筋对混凝土结构抗裂的有益作用。

当混凝土的底板或墙板的厚度为 200～600mm 时，可采取增配构造配筋，使构造筋起到温度筋的作用，能有效提高混凝土抗裂性能。

配筋应尽可能采用小直径、小间距。例如直径为 $\phi 8$～$\phi 14$ 的钢筋，间距 150mm，按全截面对称配置比较合理，可提高抵抗贯穿性开裂的能力。

全截面含筋率控制在 0.3%～0.5% 之间为好。实践证明，当含筋率小于 0.3% 时，混凝土容易开裂。

受力钢筋能满足变形构造要求时，可不再增加温度筋。构造筋如不能起到抗约束作用时，应增配温度筋。

对于大体积混凝土，构造筋对控制贯穿性裂缝的作用较小。但沿混凝土表面配置钢筋，可提高面层抗表面降温的影响和干缩。

5）设应力缓和沟

日本清水建筑工程公司研究出一种防止大体积混凝土开裂的新方法，即在结构表面，每隔一定距离（约为结构厚度的1/5）设应力缓和沟，可将结构表面的拉应力减少20%～50%，能有效防止表面裂缝。已用于直径60m、底板厚3.5～5.0m、容积1.6万的地下罐工程等，效果良好。

6）合理的分段施工

当大体积混凝土结构的尺寸过大，通过计算证明整体一次浇筑产生的温度应力过大，有可能产生温度裂缝时，则可与设计单位研究后合理的用"后浇带"分段进行浇筑。

"后浇带"是在现浇钢筋混凝土结构中，于施工期间留设的临时性的温度和收缩变形缝。该缝根据工程安排保留一定时间，然后用混凝土填筑密实成为整体的无伸缩缝结构。

"后浇带"分段施工时，其计算是将降温温差和收缩分为两部分。在第一部分内结构被分成若干段，使之能有效地减小温度和收缩应力；在施工后期再将这若干段浇筑成整体，继续承受第二部分降温温差和收缩的影响。这两部分降温温差和收缩作用下产生的温度应力叠加，其值应小于混凝土的设计抗拉强度。此即利用"后浇带"控制产生裂缝并达到不设永久性伸缩缝的原理。

"后浇带"的间距，由最大整浇长度计算确定，在正常情况下其间距一般为20～30m。

"后浇带"的保留时间视其作用而定一般不宜少于40d，在此期间早期温差及30%以上的收缩已完成。有的要到结构封顶再浇筑。

"后浇带"的宽度应考虑方便施工，避免应力集中，使"后浇带"在混凝土填筑后承受第二部分温差及收缩作用下的内应力（即约束应力）分布得较均匀，故其宽度可取70～100cm。当地上、地下都为现浇钢筋混凝土结构时，在设计中应标出"后浇带"的位置，并应贯通地下和地上整个结构，但该部分钢筋应连续不断。"后浇带"的构造多用平接式。

"后浇带"宜用网状模板，赫一瑞布模板即其中的一种。它由薄型热浸镀锌钢板制作，具有单向U形密肋，肋高20.8mm，间距89mm；在单向肋之间每隔20mm布置4道带小挡板的立体网格孔（尺寸15mm×15mm×8mm），刚度较好，能承受混凝土侧压力。

网状模板是一种不拆除模板，浇筑混凝土时砂浆通过网格孔渗透到模板面，使表面成为一种抗剪性能很理想的均匀粗粒界面，第二次浇筑混凝土时，不需要拆模和凿毛。能保证后浇带混凝土的质量。上海一些高层建筑的后浇带即用这种模板，收到很好的效果。

后浇带处的混凝土，宜用微膨胀混凝土，混凝土强度等级宜比原结构的混凝土提高5～10N/mm²，并保持不少于15d的潮湿养护。

（四）工程实例

1. 工程概况

上海环球金融中心工程位于上海陆家嘴金融贸易区，与金茂大厦相邻，该工程地上

101 层，地下 3 层，地面以上实体高度为 492m，总建筑面积为 37.7 万 m²，为多功能摩天超高层建筑（见图 5-8）。主楼工程桩为 ϕ700mm 的钢管桩，圆形围护墙内共 1242 根，有 P700mm×15mm、P700mm×18mm 和 P700mm×11mm 三种规格。主楼区域基坑呈 100m 内径的圆形，基坑面积约 7850m²。主楼基础底板厚度一般为 4.0m 和 4.5m，圆形围护墙内含部分裙房底板，厚度为 2m。主楼与裙房基础面过渡段为坡面，高差 2m，水平投影长 6.34 m。主楼基础挖深 18.35 m。电梯井深坑位于基坑中部，面积约 2116m²，开挖深度约 25.89m。主楼基础底板混凝土总方量约 38900m³，强度等级为 C40，抗渗等级为 P8、R60。底板水平钢筋采用钢筋束形式，钢筋束为两根一束。底板内设竖向抗剪钢筋，主楼底板钢筋总量约 7000t。主楼中部的电

图 5-8　上海环球金融中心

梯井深坑处底板最大厚度为 12.04m，落深部分的基坑混凝土量约为 10000m³。

2. 关键技术研究

超大体积低水化热混凝土配制研究

（1）原材料选择

1）水泥。在选用配制大体积混凝土所用的水泥时，优先考虑选用 42.5 普通硅酸盐水泥，同时兼顾与外加剂的适应性，其质量指标符合《通用硅酸盐水泥》GB 175—2007/×G2—2015 的规定。

2）砂。用表面洁净、级配良好、细度模数在 2.6～3.1 的中粗砂。砂的质量指标符合《普通混凝土用砂、石质量标准及检验方法标准》JGJ 52—2006 的规定。

3）碎石。用质地坚硬、级配良好、石粉台量低、针片状颗粒台量少、空隙率小的5～25mm 碎石。碎石的质量指标符合《普通混凝土用砂、石质量及检验方法标准》JGJ 53—2006 的规定。

4）掺合料。用活性指数高、细度适中、流动度大、烧失量小的 II 级粉煤灰、S95 矿渣微粉，其质量指标分别符合《用于水泥和混凝土中的粉煤灰》GB 1596—2005、《用于水泥和混凝土中的粒化高炉矿渣粉》GB/T 18046—2008 的规定。

5）外加剂。选用的聚羧酸系外加剂其质量指标符合《混凝土外加剂》GB 8076—2008 的规定。

6）水。采用自来水作为混凝土拌合用水，其质量指标符合《混凝土用水标准》JGJ 63—2006 的规定。

（2）配合比试配

1）设计强度等级为 C40，坍落度为 150±30mm。通过试验得出，影响混凝土坍落度的主要顺序为：水胶比→外掺料用量→水泥用量→外加剂；影响混凝土强度主要顺序为：

外加剂→水胶比→外掺料用量→水泥用量。

从混凝土的强度来看，水胶比为 0.45 的各组合混凝土的平均强度虽达到设计要求，但相对较低，而水胶比为 0.41 和 0.42 的各组合混凝土平均坍落度基本相同，但前者强度的富余量较大，同时考虑到基础混凝土的坍落度不宜过大，所以选择水胶比为 0.41。从混凝土的和易性、保水性和黏聚性考虑，水泥用量选用为 $270kg/m^3$，矿粉用量为 $70kg/m^3$，粉煤灰用量为 $70kg/m^3$。

2）搅拌站验证试验。为比较各单位所用原材料对混凝土配合比的影响程度，分别在 7 家搅拌站进行了验证试验。

3）施工现场验证试验。为检验混凝土性能指标的复现性，在搅拌站验证试验的基础上，又进行了实地模拟验证试验。

（3）试验结果分析

1）试验结果表明：初步配合比在混凝土强度、坍落度均满足设计要求，而且各单位的差异也在控制范围以内，达到预期目标。

2）试验结果表明，由于混凝土拌合物的搅拌除了一般的混合作用之外，还起到一定的塑化、强化作用，所以搅拌站生产混凝土的初始坍落度、强度比试验室试拌均有不同程度增大和提高。

3）试验结果表明，在标准养护条件下，水泥硬化 28d，矿粉、粉煤灰仍在继续水化，发挥强度效应，使混凝土进一步致密，孔径细化，连通孔减少，提高了混凝土质量。

超大体积混凝土水平分层浇筑施工分析

（1）建模分析

本工程在电梯井深基坑中部由于围护设计的需要，设置了一道钢支撑，施工过程中需要进行换撑，所以在钢支撑底部设了一道水平施工缝，此部分底板厚度为 4.74m，此道施工缝可以减少基础底板总厚度。在电梯井深基坑顶部，为了加快进度，减少基坑变形，再设了一道施工缝，此部分底板厚度为 2.6m。从而使整个大底板混凝土分 3 次浇筑施工。施工缝位置如图 5-9 所示。

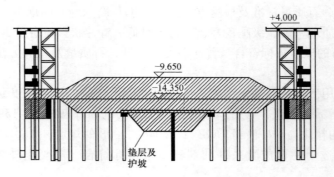

图 5-9　混凝土水平施工缝位置示意

根据建模分析，第一次浇筑类型为浇筑面与基础接触，边界条件为地基；第二次和第三次浇筑类型为浇筑面与已有混凝土面接触，边界条件为混凝土面。本工程电梯井深基坑部位混凝土的浇筑为倒梯形，模型简化时按照实际的工况进行简化。基础底板是圆形的块体，在模型简化时将其简化为圆形块体的外接正方体。这样的简化模型偏于安全。

（2）主要分析结果

1）第一次浇筑：①底板浇筑后，与地基接触的边界未出现裂缝，可见该边界能达到理想的施工要求；②上边界在混凝土浇筑后出现了裂缝，X 方向的裂缝为 0.119mm，Y 方向为 0.098mm，但仍可以达到工程质量的要求，如图 5-10 所示。

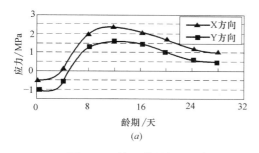 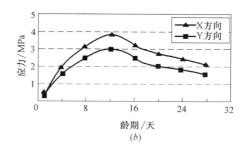

图 5-10　第一道混凝土下部（*a*）及上部（*b*）边界点应力随龄期变化曲线

2）第二次浇筑：①下边界在混凝土浇筑后出现了裂缝，X 方向的裂缝为 0.121mm，Y 方向为 0.12，可以达到工程质量的要求；②上边界在混凝土浇筑后出现了裂缝，X 方向的裂缝为 0.172mm，Y 方向为 0.186mm，可以达到工程质量的要求，如图 5-11 所示。

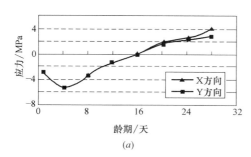 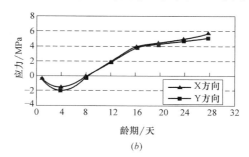

图 5-11　第二道混凝土下部（*a*）及上部（*b*）边界点应力随龄期变化曲线

3）第三次浇筑：①下边界在混凝土浇筑后出现了裂缝，X 方向和 Y 方向的裂缝宽度均为 0.126mm，可以达到工程质量的要求；②上边界在混凝土浇筑后出现了裂缝，X 方向和 Y 方向的裂缝宽度均为 0.198mm，可以达到工程质量的要求，如图 5-12 所示。

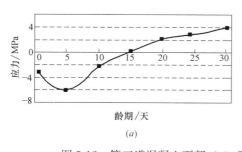 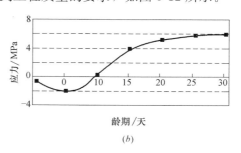

图 5-12　第三道混凝土下部（*a*）及上部（*b*）边界点应力随龄期变化曲线

（3）结果评价

分析结果表明，本工程电梯井深基坑和基础底板采用分层浇筑施工方法，上述设置水平施工缝的方案是可行的，即在混凝土与地基接触面以及新旧混凝土的接触面能达到没有裂缝出现或者出现的裂缝在工程的允许范围内。

3. 主要施工方案的确定

(1) 桩顶处理方案

1) 根据设计要求首先进行截桩,先采用人工将管内 1000mm 段土体挖除,焊接桩帽盖板,再利用桩帽盖板的孔洞灌注 C40 混凝土。钢管桩内混凝土的密实度主要依据是否有混凝土浆从透气孔冒出来判断。

2) 在钢管桩边焊接锚固筋,根据底板钢筋排列间距,制作定型钢筋位置套板,根据钢筋位置套板确定桩锚筋的焊接位置,可两根排列,也可一根排列。

(2) 钢筋工程施工方案

1) 由于主楼与裙房基础底板将来是连为一体的,故主楼底板钢筋端部皆设有直螺纹接头,其接头与地墙内侧顶紧,端部设保温板,裙房施工时凿除临时地墙及保温板,露出直螺纹接头,以便于钢筋连接。

2) 底板内有抗剪暗柱钢筋的地方,其上部钢筋支架利用抗剪暗柱设置;无抗剪暗柱钢筋的地方,其上部钢筋支架利用型钢体系支撑,如图 5-13 所示。

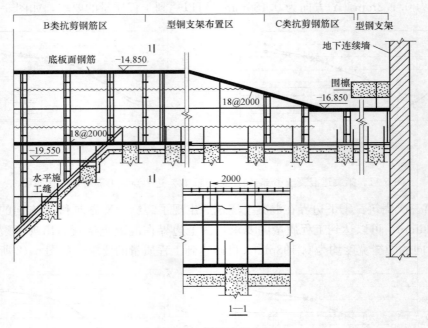

图 5-13　钢筋底板支架

(3) 模板工程施工方案

1) 上海环球金融中心主楼 100m 圆环基础的侧模直接利用了外侧的临时地下连续墙,为保证主楼结构自由沉降,必须对主楼底板与地墙接触处的地墙表面进行修整,以达到合格的标准。

2) 基础底板顶面有高差 2m,水平投影 6.34 m 的斜坡,为了控制斜坡混凝土的设计标高,在过渡段混凝土斜坡上设置了斜顶模,斜顶模要求固定牢固。以确保混凝土斜面成型。

（4）结构预埋件施工方案

1）主楼地下室钢结构主要是内外剪力墙筒体和巨型柱中的劲性钢柱以及内筒体内部的钢柱，而钢柱和劲性柱与基础承台的连接则是通过预埋在承台中的钢结构高强地脚螺栓进行连接。

2）由于基础承台中地脚预埋螺栓较多，底板钢筋束间距较小，地脚螺栓放置位置难免与基础底板中的钢筋束相碰，因此在预埋地脚螺栓时要根据需要将底板上部钢筋束的位置作微调，以保证地脚螺栓位置正确。

3）底板混凝土浇捣时，应在预埋螺栓套板的适当位置开设透气孔，并在面板中部开一个 ϕ150mm 左右的混凝土振捣孔，以保证使地脚螺栓套板下部的混凝土振捣密实。

（5）大体积混凝土施工采用的配合比

通过试验验证，在混凝土各项指标达到要求的基础上，考虑到有 7 家搅拌站参与超大体积混凝土生产，在大生产中原材料品质指标可能波动，以及其不确定因素较多，为此应留有强度富余量。我们对施工现场的混凝土配合比确定见表5-2。

C40P8 坍落度（150±30mm）配合比 kg/m³   表 5-2

材料名称	水	水泥	砂	石	粉煤灰	矿粉	外加剂
品种规格	自来水	P · 0.42.5	中砂	15～25mm	Ⅱ级	S95	聚羟酸 V3301
单方用量	170	270	780	1040	70	70	2.72

（6）超大体积混凝土浇捣施工方案

1）为减少深基坑底部暴露时间，满足换撑需要，保证深基坑的安全、稳定，施工时先分两次连续浇捣深基坑部位底板混凝土，而后再浇捣大面积底板的混凝土，如图 5-14 所示。

2）第一次浇捣主楼深基坑混凝土方量为 3500m³，用 7 台汽车泵布置在基坑南侧的施工便道上，接硬管浇捣。由 2 个混凝土搅拌站同时供料，混凝土供应盘为 260m³/h，混凝土运输搅拌车 55 辆，本次混凝土浇捣时间为 13h。

图 5-14　上海环球中心深基坑

3）第二次浇筑深基坑部位剩余部分，混凝土方量为 6500m³，采用 9 台汽车泵布置在基坑南侧的施工便道上，接硬管浇捣。由 3 个混凝土搅拌站同时供料，混凝土供应量为 360m³/h，启用混凝土运输搅拌车 85 辆，本次混凝土浇捣时间为 18h。

4）主楼基础底板混凝土方量为 28900m³，采用布置在基坑南侧施工便道上的 19 台汽车泵接硬管及布料杆浇捣混凝土。由 7 个混凝土搅拌站同时供料，混凝土供应量为 700m³/h，启用混凝土运输搅拌车 350 辆，本次混凝土浇捣时间为 42h。

5）混凝土浇筑采用由北向南退捣方式浇筑。每台混凝土泵车的泵管负责浇筑宽度为 5m 左右，混凝土浇捣时依靠混凝土的流动性，采用大斜面分层下料，分批振捣。

6）每台泵车配置 6 根振动棒进行振捣，施工时应特别重视每个浇筑带坡顶和坡脚的振捣，确保上、下部钢筋密集部位混凝土振实。

7）混凝土表面处理要做到"三压三平"。首先按面标高用工具拍板压实，长刮尺刮平；其次要在初凝前用铁滚筒进行数遍碾压和滚平；最后在终凝前，用木蟹打磨压实、整平，以闭合混凝土收水裂缝。

8）保温措施采用二层塑料薄膜和二层麻袋覆盖，即在混凝土表面先覆盖塑料薄膜一层，以封闭混凝土内水分蒸发的途径，使混凝土能在潮湿条件下进行养护以控制干缩裂缝产生，在这层薄膜之上再盖一层麻袋，以减少混凝土表面热量的散发；然后再覆盖一层塑料薄膜，以防止雨水渗透。最后再覆盖一层麻袋，加强保温。要注意覆盖薄膜的幅边之间搭接宽度应不少于100mm，麻袋之间的边口要拼紧。

（7）大体积混凝土测温方案与结果

第一次、第二次测温方案及结果在此不再介绍，重点介绍第三次方量为28900m³ 大体量的混凝土浇捣测温方案及结果。

基础底板第三次混凝土浇捣时间为2005年1月28日23：00至2005年1月30日15：30停止。混凝土微机测温系统从2005年1月28日开始实时测试至2005年2月23日结束，历时27d。

本次大底板测温点自坑边（A）始，依英文字母顺序排定，至中心点（H）为一组，再由（H）到坑边（O）点为另一组测温点。测温情况显示，混凝土入模温度为10～13℃，测点温度、温升值随位置和厚度的不同而各不相同，在混凝土较厚处，由于散热条件较差。所以温度与温升值较大。如：3B轴处3B3的入模温度为12.4℃，最高温度为67.1℃，其温升值为54.7℃；3J轴处3J3的入模温度为12.1℃，最高温度为65.0℃，其温升值为52.9℃。在承台的边缘处，由于散热条件较好。所以温度与温升值较小。如：3A轴处3A3的入模温度为11.6℃。最高温度为59.1℃，其温升值为47.5℃；3C3离电梯井较近，散热条件也较好，其入模温度为11.3℃，其最高温62.4℃，其温升值为51.1℃。另外，在基础底板较薄处散热条件也较好，如：3M2的入模温度为11.4℃，最高温度为53.6℃，其温升值为42.2℃。从测温得知，混凝土水化热发展期主要集中在80～100h 内。

4. 施工创新与工程总结

（1）通过大量研究试验，摸索出聚羧酸系外加剂与水泥的适应性规律，掌握了聚羧酸系外加剂配制低水化热低收缩大体积混凝土技术。

（2）大体积混凝土配制技术途径通过水泥与活性矿物外掺料的合理匹配，利用聚羧酸系高效外加剂的复合效果，以低水胶比、少用水量、大流动的技术路线是可行的和有效的，可以确保混凝土耐久性要求。

（3）与普通混凝土相比，用聚羧酸系外加剂配制混凝土具有良好的工作性能，其物理力学性能和耐久性能均有较大的优势。

（4）在大体积混凝土中掺入矿粉、粉煤灰等活性掺合料，取代部分水泥和部分细骨料，可以显著改善混凝土性能，特别是改善混凝土抗渗透性能。

（5）充分利用活性掺合料的后期强度，采用低水泥用量主要是为了降低大体积混凝土所产生较高的内部温度，以更好地控制混凝土内部和表面的温差，也有利于控制温差裂缝。

（6）在超大体积混凝土配制上采用聚羧酸盐外加剂，利用其卓越的坍落度保持性，使得出厂混凝土的和易性与现场混凝土的和易性相一致，从而在确保混凝土强度的同时又具有优良的施工性能，这在国内大体积混凝土配制技术上尚属首次。

（7）在超大体积混凝土裂缝控制方面，利用聚羧酸盐外加剂独有的低掺量、大流动性、低收缩率特性，在控制混凝土早期收缩特别是减少干缩上发挥了突出的作用，是其他类型外加剂所不可比拟的。

（8）在超大体积基础底板浇筑施工时，合理留设水平施工缝一般不会对基础底板结构产生有害影响，相反能减少基础底板体量，减少水化热的产生。使基础结构施工方便，同时为复杂围护体系的换撑创造有利条件。

（9）上海环球金融中心基础底板分层理论分析与实际应用说明设置水平施工缝的方案是合理的。施工实践表明混凝土与地基接触面以及新旧混凝土的接触面能达到没有裂缝出现或者出现的裂缝在工程的允许范围内。

（10）上海环球金融中心主楼基础超大体积低水化热低收缩混凝土的施工实践，以及在施工组织、设备配置、材料供应和预拌混凝土运输与泵送等方面的技术集成，使 $28900m^3$ 混凝土基础底板一次 42h 连续浇筑成功，创造了建筑工程中大体积混凝土一次浇筑的世界新纪录。经实测，基础底板内部最高温度只有 67.1℃，水泥用量仅为 270kg/m^3，混凝土 180d 的收缩值为 2.96×10^{-4}，工程成品的高质量体现了现代混凝土施工技术的领先水平，为国内建造超高层建筑积累了新的经验。

思 考 题

1. 简述大体积混凝土的定义及其施工特点。
2. 大体积混凝土基础筏板有几种施工工艺，该如何选择。
3. 请简述大体积混凝土基础筏板的几种浇捣工艺及适用范围。
4. 大体积混凝土基础筏板养护需注意哪些方面？
5. 大体积混凝土为什么需要测温？
6. 请简述大体积混凝土裂缝种类、产生机理及控制方法。